每天读点外向者心理学

让你在张扬自我的同时，细心沉稳地去做每件事；让你在纵情社交的同时，多一分为他人着想的心；让你在畅快表达的同时，学会赞美和善意的鼓舞；让你在争取利益的同时，获得他人的认可与帮助。

金岩　王琳◎编著

情绪影响人的一生，谁能不受情绪的支配，地掌控自己的人生

中国纺织出版社

内 容 提 要

外向者性格活泼大方，往往擅长表达和交际，易受人喜欢。但是外向的性格也有弊端，常常过于活跃而失了沉稳，往往因急于求成而最终导致挫折或失败。

本书通过分析外向者的性格特点，找出外向者的性格劣势，帮助外向者更深入地认识自己，了解自己的优缺点，从而克服弱点，弥补缺失，成为一个更加完美的人。

图书在版编目（CIP）数据

每天读点外向者心理学 / 金岩，王琳编著. —北京：中国纺织出版社，2017.5（2024.5重印）
ISBN 978-7-5180-3348-5

Ⅰ.①每… Ⅱ.①金… ②王… Ⅲ.①外倾性格—通俗读物 Ⅳ.①B848.6-49

中国版本图书馆CIP数据核字（2017）第035702号

责任编辑：闫 星　　　　责任印制：储志伟

中国纺织出版社出版发行
地址：北京市朝阳区百子湾东里A407号楼　邮政编码：100124
销售电话：010—67004422　传真：010—87155801
http：//www.c-textilep.com
E-mail：faxing@c-textilep.com
中国纺织出版社天猫旗舰店
官方微博http://weibo.com/2119887771
北京一鑫印务有限责任公司印刷　各地新华书店经销
2017年5月第1版　2024年5月第4次印刷
开本：710×1000　1/16　印张：15.5
字数：196千字　定价：39.80元

凡购本书，如有缺页、倒页、脱页，由本社图书营销中心调换

前言

生活中，我们常提到“性格”一词，关于性格的研究也由来已久，那么，什么是性格呢？奥地利精神病学家、现代自我心理学之父阿德勒将性格定义为：一个人尝试去适应他所居住的环境，因而显现出来的特殊作风。性格特点是一个人的整体人格在获取认同及意义时，所使用的工具和计策，其在人格中的存在就等于生活“技巧”。性格特点并非遗传，它们好比是一种生存模式，使人能够不经过有意识的思考而过活，在任何情况下表现其人格。

关于性格，荣格也早就对其进行了了划分：内向者和外向者。在大众的眼中，内向者内敛、沉稳、踏实、深思熟虑，似乎只有内向者才能成大事，然而，只要我们稍加留意，就会发现，那些政界、科学界、文化界的成功者，大多是外向者，因为外向往往代表着有很强的社交能力，有圆润的人际关系，有快速适应社会的能力。

其实，性格外向者有很多显著的优势，对个体来说，每种优势的表现会有不同，但在大多数情况下，性格外向者具有很多共同特征，即思维外向、心直口快、积极乐观、为人大方、热情、待人诚恳，且与人交往时随和、不拘小节，适应环境的能力较强。当然，外向者性格中也有劣势的部分，由于比较率直，因此缺乏自我分析与自我批评的精神。

事实上，任何人，只有将自己剖析清楚、认清自己的性格，才能合理地利用性格优点，到达成功的顶峰。因为无论你是什么性格，其性格优点和缺点，就像一个硬币的两面，它们是相互依存、相辅相成的，谁都不可能脱离对方而存在。一个人也只有看清楚优点，明确自己的缺点，善待自己，不断地完善自己，才能取得成功，收获幸福人生。

因此，对于外向者来说，成功其实很简单，你并不需要羡慕内向者，更不需要把自己变成内向者，你只需要发挥自己独特的优势、展示自己的性格魅力，并改正性格中劣势的部分。本书就是从这个角度，让外向性格者深入地剖析自我和洞悉自我，并从心理学和性格的角度详细地介绍了外向者的性格特征、人格优势。

另外，它还将这些特征与外向者进行比较，从社交、情绪管理、心态调节、财富积累、婚姻爱情等多个角度阐述了外向者完全可以通过发挥积极主动的精神完善自我，最终通过发挥自己的潜能来获得成功。本书还注重实用性和可操作性，从每一个小节中提炼出很多重要的心理学观点或建议，以供外向者学习，从而帮助外向者指导自己的工作和生活。此外，还提炼出很多重要观点、建议和方法，供内向者学习、参照，从而指导自己更好地工作和生活。

编著者

2016年11月

目录

上篇　解码外向者的心理特征

下篇　激发外向者的心理潜能

上篇

解码外向者的心理特征

[第1章]
外向者心理特点

生活中，人们常说，世界上没有完全相同的两片树叶，同样，更没有完全相同的两个人，我们每个人来到这个世界上，都是独一无二的。性格外向者自然与内向者有所不同，他们有思维外向、感情外露，说话心直口快、人际关系好、做事风风火火的优点，但同时也缺乏耐性和自我批判的精神等，本章告诉我们如何剖析自我和完善自我，从而让我们成为更受欢迎的人。

外向者的性格形成因素有哪些

生活中，我们常常听到周围的人这样说："他是个性格外向的人。""他性格开朗、活泼。""此人性格很好。"那么，什么是性格？什么是外向型性格？这一性格又是如何形成的呢？

所谓性格，指的是表现在人对现实的态度和相应的行为方式中的相对稳定的且具备核心意义的个性心理特征，其表现出的人格特征是与社会密切相关的。在性格中，还展现出了很多社会道德含义。总的来说，性格所展现出的是一人对待自己、他人以及周围事物上的态度和行为。

我们在日常生活中会接触到不少性格外向者，也不难总结出他们的性格特征：他们心直口快，经常会将心中所想之事立即说出来，活泼、开朗、热情，善于与人打交道、待人随和、大方等。

在性格这个问题上，不少人的看法是，一个人的性格一半是后天形成的，一半是天生的，其实，这一说法并不科学。心理研究者通过大量的调查和研究发现，在人的性格里，多多少少会受到父母遗传的影响，只不过并不是一半，遗传因素的影响成分也因人而异，一般占40%或更少，这就是人们常说的孩子的天性。另外60%左右则受到了生活和成长环境的影响，比如，家庭环境、学校教育或者社会的影响。也就是说，我们是带着40%的天性被环境打磨的，一个人天性的部分则会跟随其到老，是不以我们的意志为转移的，而另外一部分的影响因素则有很多，比如，一个人的学习情况、学校、家庭、学校、社会、阅历等。

具体来说，外向者性格是怎样受到这两方面因素影响的呢？

1.天性

通常情况下，我们从每个人的身上都或多或少地看到其父母的影子，只是有些是性格优势，有些是性格劣势。

古往今来，不少具有某方面天赋的人，比如，音乐家、歌唱家、舞蹈家，他们的子女或者后辈也具有此方面的天赋。并且，我们也常看到，很多家族几代人都从事着同一方面的事业且都成绩显著。

曾有研究者对我们所熟知的音乐家巴赫的家族进行了调查，他们发现，在这个家族存在的300多年时间里，在巴赫之后竟然出了60多位大音乐家。

美国明尼苏达大学心理中心的研究指出，一对双胞胎在成长的过程中即使被分开，即使进行了完全不同的教育和生活环境熏陶，很多年后他们在饮食习惯、声音、举手投足和性格特征方面，依然会展现出很多类似的地方。

从这几个方面，我们都能看到，一个人的性格、爱好确实受到了遗传的影响，并且有时这一影响还相当大。

2.后天因素决定性格

外向者性格会受到父母遗传的影响，这毋庸置疑，然而，起决定作用的绝不是天性，甚至天性连一半的影响力也没有。

的确，一个人性格形成的决定因素，还是与家庭、社会和环境等外在因素有关。这正如我们说的，没有天生的成功者或失败者的性格，每个人的性格中都有多面性，起到至关重要作用的依然是环境与教育。

首先是社会的影响。我们都知道，中国人内敛、深沉、谦虚，但美国人却个性开放、张扬，这也是与两个国家的文化差异相关的。中国人认为只有谦逊和忠厚仁义的人才能取得成功，但美国人的成功通常是靠自身的努力和闯荡，他们更崇尚鲜明的个性特征。

其次是环境的影响。不少研究表明，如果一个小男孩在少儿时就被当成女孩来抚养，那么，他很容易因为角色误差而导致心理变态；经常被父母溺爱的孩子很容易形成骄纵的个性；反之，总是被父母长辈打骂的孩子则更易形成爱撒谎、唯唯诺诺的性格。

在一个人的性格形成过程中，遗传和环境两种因素往往是相辅相成的，在遗传基础上，后天环境的影响是造就一个人性格的根本因素。

美国哈佛大学医学院斯托特博士指出："婚后关系不和睦的夫妻，他们所生育的孩子，因内心恐惧而导致神经质者，比那些婚后美满的夫妻所生的孩子高4倍。"

另外，心理学家还指出，如果一个孩子在婴幼儿时期或者儿童时期就被剥夺母爱，他更容易发生心理扭曲，造成不好的行为和个性的表现。可见，家庭提供的教育与爱，才是一个人性格的决定因素。如果一个孩子在其乐融融的家庭环境中成长，他就会健康、快乐，反之，性格上就会出现缺陷。

外向心理启示

一个人的性格形成是与天性和外在环境两个因素有关的，对于性格外向者来说，他们在快乐、开明的环境中成长，这也就奠定了他们长大后的主要性格基础，因此形成了比较开朗和活泼的外向性格，相对来说，外向者有着更强的适应社会的能力，这也与其成长环境有关。

检验自己的性格类型

我们每个人从出生起，就在不断认识世界、接受外在世界赠与我们的一切，我们学会了很多，包括科学文化知识、审美、与人相处等，但在这个过程中，我们却很少认识自己。实际上，我们总是在逃避认识自己，因为认识自己，就意味着我们必须要接受自己“魔鬼”的一面，这个过程对于我们来说是痛苦的，但如果我们想实现自己的需求、变得更优秀，就必须要认识自己，就像剥洋葱一样，寻找最本真的自我。

生活中，人们常说：“知己知彼，百战百胜。”一个人，只有看到自己的性格盲点、优点，才能有更好的表现。那么，如何认识自己呢？在西方的神话寓言里，有个著名的“斯芬克斯之谜”。

在希腊神话中，有个长着狮身女人面的带着翅膀的怪兽。每天，它都坐在忒拜城附近的悬崖上，然后问过往的路人一个问题：“什么东西早晨用四条腿走路，中午用两条腿走路，晚上用三条腿走路？”假如被问者回答不出这个问题，它就将他吃掉。

奇迹出现了，这天，一位年轻的小伙子经过时说出了答案：“这个动物是人。”斯芬克斯听完后大叫一声，然后羞惭地跳崖而死。这个人就是俄狄浦斯。

这虽然是个神话故事，但却能从中看到一点：并不是所有人都清楚地了解自己的性格类型。可能一些人会认为，了解我们自己的，当然是自身。然而，心理学家进行了调查研究，结果发现，被调查者有半数以上确实对自己的认识并不是十分清楚。

曾有一位著名的宗教人士指出：性格是一个人最看不见的本质。关于性格，心理学家也曾进行了一番分析调查和测试，并作出了归纳，指出人的性格大致可以分为九种，接下来，你不妨找出自己的性格类型。

1.毫无烦恼、快乐无忧——外向者

你崇尚自由自在、无拘无束的生活，在你看来，人生就应该追求快乐和自由，就应该尽情地享受每一刻。你充满生命力，喜欢追求新奇的事物，你向往改变，总为那些不断变化的事物感到惊喜。

2.谨慎、小心，待人温和——外向者

你性格温和，很容易交到朋友，但你也喜欢有自己的空间，你不喜欢总是被朋友环绕。在聚会上，你常常会在吵闹中寻找自己的一片静地，或者在喧闹中思考自己的人生意义，并且，你很享受这样的生活方式，这并不意味着你是个孤独的人，你对自己的现状很满意。

3.勤恳、踏实、思维敏捷——内向者

你是大家眼中最真诚和自然的人，你喜欢那些淳朴的、自然的事物和人，在人们眼里，你做事踏实稳重、值得信赖，能够给予周围的人安全感，与你相处，会让别人感到温暖。你不喜欢那些俗气的、被包装的东西，对那些赶时髦的东西也不屑一顾。

4.前卫、独立，不受拘束——内向者

你向往自由、独立的生活，无论是你的工作还是生活，你都希望能与艺术有关，也许你会为了追求自由而做出一件令人出乎意料的事，你不会去做那些庸俗的、追逐潮流的事，你会根据自己内心所想去生活，即便与其他人格格不入。

5.善于自我反思，是一个思考者——内向者

对于周围的生活，你能比其他人更有掌控性，因为你总是让自己处于思考中。那些肤浅的东西，常常不能入你的法眼，有时候，你宁愿一个人静静地思考，也不愿意加入到无聊的谈话中，但你却有一个或几个关系十分要好的朋友，这使你几乎很少感到孤独和寂寞。

6.中肯、客观、自信——中性者

你很少对未来的生活抱有幻想，遇到问题你也不会沉浸在悲痛和无奈中，你会积极地寻找解决的方法，你更相信自己的能力。对于日常生活，你也能应付自如。周围的人也总是信任你，因此也愿意让你担当大任。对于你正在追求的事业，你总是信心满满，并且，在没有达到目的

之前，你是不会放弃的。

7.爱幻想、浪漫主义者——外向者

你思维感性，不喜欢用理智来思考事情，在你看来，感觉重于一切。你不喜欢总是被理智左右的人和事。

8.自信、可信、分析能力强——中性者

你对事物总是保持一份高度的敏感，那些被别人忽视的东西也总能被你察觉，这是你与众不同的地方。你重视教养，你喜欢优雅而愉快的生活，你对所谓的潮流不感兴趣，并且，你希望你周围的朋友也与你相同。

9.有活力、好动——外向者

你好像总是充满力量，你喜欢冒险的生活，你认为那是刺激的、有趣的，能给你注入新鲜的血液，这样的工作也让你觉得富有挑战性的。相对来说，那些按照正常程序走的工作会让你感到无聊。

外向心理启示

从心理学的角度看，一个高明的人，能看透他人，也能看透自己，因为一个人只有先了解自己的个性，认识自己，才能收获成功的人生。

人总是有内向和外向两面性

文学家高尔基曾说：“人是杂色的，没有纯粹黑色的，也没有纯粹白色的。”同样，我们这里所谈及的人的性格有内向和外向之分也是如此，任何一个人，都不可能是绝对的内向或者外向，而是二者的结合，具有两面性。

生活里，我们常说的“兔子急了也会咬人”也是这个道理，人性毕竟是多面的，是无法进行准确定义和精确估计的。我们在不少的文学著作中都能发现一点，作家通常会赋予作品中的人物以鲜明的个性，比如，泼辣狠毒的王熙凤、多愁善感的林黛玉、有勇无谋的鲁达等，这些突出的性格形象也是作家所塑造的重点，然而，在我们现实生活中的却是立体的、多面的，人性也要复杂得多，并不如文学作品中的那样单一。

在心理学上，首先提出人的性格有内向和外向之分的是荣格，他指出，在任何人的人格中，都有着这两种倾向，只是在日常生活中某种倾向占据了优势并显现了出来，而另外处于劣势的一方就被收进了“个人的无意识”。所谓个人的无意识，是指曾经被意识而后被压抑（遗忘）的经验或开始时不够生动不能产生意识印象的经验。他认为用以组成情结的主题经常不断地在人生中再现，对人的行为产生不均匀的影响。在荣格看来，性格外向者，“自我”为外向，“个人的无意识”为内向；内向型的人，“自我”为内向，“个人的无意识”为外向。举个很简单的例子，一些人会产生疑问，一些情况下我能做到镇定自若、侃侃而谈，但某些情况下为什么我又磕磕巴巴、说不出话来呢？其实就是因为一些场合下某一倾向成为优势，而其他某个场合另一个倾向就成了优势。

一些内向者或者外向者常常对自己的个性不满意，为此，他们希望借助心理医生或者其他方法来改变自己的性格，比如，内向者希望自己能外向一点、为人处世时活泼一点，而外向者则希望自己能变得耐心、细致、沉稳一点。其实，性格没有优劣之分，极端的内向者和外向者也是极少数，人的个性通常是综合的，只是一些人偏外向些，一些人偏内向些。再举个很简单的例子，我们每个人都有一双手——左手和右手，并且，我们每天都会用到它们，只不过我们更习惯于用哪只手罢了，也许你习惯用右手，左手用得就比较少，而如果你习惯用左手，那么右手就用得比较少，至于到底是左撇子好还是右撇子好，我们不得而知，也无法给出定论。

可以说，每种性格都有其优缺点，比如，外向者一般热情、大方，给人好相处的感觉，他们更易交到朋友，但是外向者往往比内向者缺乏耐心，做事不够谨慎等，而内向者则做事踏实稳重得多，但却因为不够开朗而让周围的人不易亲近他们。

当然，不管你是哪种性格类型，在与人交往的时候，我们都应该懂得把握度，不失偏颇，不张扬、不扭捏才是交往之道。

一天，一位性格外向者坐公共汽车，就在他坐下不久后，车上上来一位老太太，他立即站起来，对老太太说："老人家，您坐。"

老人家道谢之后就坐下了。他则站在老太太旁边，看着窗外的风景，他心里特别高兴，因为他今天做好事了。

过了几站，老人家起身要走，他赶紧摁住老太太，然后说："老人家，我不累，您坐您坐。"

又过了一站，老太太又站了起来，他又摁住了老太太："老人家，我真的不累，您坐。"老太太着急地说："我坐过站了。"

这虽然是个笑话，但却让我们看到性格外向者如果对周围的人太过热情，可能会起反作用。

总之，无论哪种性格的人，都不可能十全十美，一个人也只有找到自己的不足，才能不断完善自己。

外向心理启示

在内向和外向两种性格中，没有优劣之分。人也没有十全十美的。当然，我们可以努力提高自己的个性优点、改正缺点，人正是因为有不好的一面，才有了不断进步的空间。再者，只要我们把不好的一面控制在安全的范围内，那么，它就不会对我们的人生造成致命性的影响。

外向者与内向者的差异

瑞士著名的心理学家荣格说，播下一种行动，你将收获一种习惯；播下一种习惯，你将收获一种性格；播下一种性格，你将收获一种命运。性格会决定一个人一生的命运！我们不难想象，一个总是蜷缩在自己世界里的人会有什么出息，一个总是不主动表达自己想法的人又怎能担当重任，一个总是冷漠的人又怎能打动他人……在这个优胜劣汰的社会，我们必须承认的一点是，相对于那些性格内向者而言，外向者似乎更吃得开，他们能在更多的领域获得他人的认同，他们也生活得更洒脱，当然，我们也不否定性格内向者有其他不同的优势，但内向者的优势毕竟是内秀，是隐性的，并不像外向者那样能散发出一种天性的力量。

我们常说，这个世界上没有两片完全相同的树叶，同样也没有完全相同的两个人，每个人自从来到这个世界上，都是独立的个体，这就是人的性格的独特之处，我们要想更清楚地了解自己的性格类型，就要了解性格内向者和外向者之间的差异。

在我们生活的周围，有不少性格内向者和外向者，他们给我们的大致印象是：

性格外向者的心理活动是倾向于外部世界的，对于身边发生的事，他们会表现出浓厚的兴趣，他们在意周围人的看法，对他人支持和关心，他们的做事能力强，但往往因为这样，他们也容易忽视自己内心最真实的情感和需要。不过，他们最大的优点在于能尽快地适应新环境，融入圈子中。

相对于性格外向者而言，内向者的心理活动倾向于内部世界，他们看重自己的情感体验，他们更喜欢深思熟虑，做事不盲目，也不为周围环境所影响，对于流行趋势和主流行为采取冷漠或敌对的态度，因此很容易与他人产生摩擦，他们适应新环境的能力较差，人缘也不是很好。

其实，人的性格外向与内向的本源区别在于客体的态度，为此，瑞士心理学家荣格提出了一个“快乐的欲望”，他将这解释为一个人的内心获得快乐的源泉，假设一个人的快乐来自于“内”，那么，就是“内向型”，相反他的快乐来自于“外”，就是“外向型”。一般来说，外向型的人对客体表现出积极的态度，内向型的人对客体表现出消极的态度。

其实，很容易看出来，内向者更喜欢建造一个属于自己的世界，他会收起自己的喜怒哀乐，久而久之，别人也摸不透他在想什么，也就不愿意与其交往，而外向者则性格开朗、大方、乐于助人，他们也不拒绝被别人帮助。通常来说，外向者比内向者能取得更多的支持，也就能获得更大的成功。

我们在日常生活中也经常看到一些性格开朗者，相对于内向者而言，他们更关心外在的世界，他们更积极乐观，即便进入到一个陌生的环境中，他们也能迅速融入进去，总能和大家保持和睦友好的关系。反过来，那些内向者则对外界表现出冷漠、消极的态度，他们更关心自己的内心世界，缺乏社交活动的他们，适应能力也更差。

心理学家针对外向者的个性特征作出了总结，他们称，外向者有与生俱来的五大优势，分别是：

1.天性开朗、阳光

外向者是个天生的乐天派，他们总是以一种积极的心态去面对生活，他们周身散发着无尽的活力。

外向者无论遇到什么事，都能在最短的时间内调节自己的情绪，而不是将烦闷憋在心中，在他们内心，总是认为没有解决不了的问题，他们对生活、对明天都积极向上。

2.社交达人

这是外向者与内向者最明显的性格差异。外向者是天生的社交达人，不管他们进入到什么环境中，他们总是能迅速交到新朋友，和大家打成一片。很多时候，在社交场合，那些有凝聚力的中心人物都是性格外向者。他们有着更高的情商，他们希望能在公共场合表现自己，别人的掌声能让他们获得满足感，相反，安静与思考会让他们感到沮丧。

3.毫不畏惧困难

心理学家通过长期实验研究，发现外向者天性乐观，并且，他们的意志力更坚强，对于他的目标，他们一般不达目的，誓不罢休，无论是工作上还是生活中，当别人还在为困难抱怨甚至束手无策时，可能他们已经开始解决了，并且，他们处理起问题通常游刃有余。

4.勇于冒险

外向者的冒险意识更强，他们总是带着“冒险才能带来生活乐趣”的人生信条生活。而内向者则处事谨慎、不喜欢冒险，甚至可以说惧怕危险，虽然他们也深知一成不变的生活会缺乏乐趣，但他们依然选择安全的生活环境。

5.善于表现自己

通常情况下，性格内向者更害羞，而外向者则有着演说家的潜质，越是人多的地方，他们越是能兴致盎然地展示自己，以此让大家感受到自己的出色之处。

外向心理启示

我们生存的社会竞争激烈，相对于内向者而言，性格外向者因其开朗、大方、敢于冒险等个性优点，他们似乎更“混”得开。

外向者性格改造的方向和目标

我们都知道，性格外向者身上有太多闪光点，比如，自我肯定、自信、坚强、乐观、性格主动、愿意保护其他人，并用他们的力量去带领别人。因此，很多人都认为，外向是一种好性格。然而，任何事情都不能一概而论，凡事物极必反，性格过于外向就成了张扬，也会让人生厌。

事实上，任何一种性格都有其优缺点，最佳的性格状态是包容的，也就是各种性格的融合，将各种性格的优点都集中在身上。所以，如果你是性格外向者，那么，你需要控制和完善自己。

老张在一家国有单位工作，几十年来，他一直兢兢业业，在单位的名声很好，尽管他不是领导，但全单位上下，无论领导还是员工都对他恭敬有加，但凡同事之间产生了什么矛盾，他们都会找老张来调节。

上个月的一天，小秦和小韩因为会计把工资算错了而在办公室大闹起来，小秦的意思是小韩应该把多拿的五百块钱还给他，而小韩则认为这是会计的问题，他认为小秦应该去找会计算账，两人闹得不可开交。结果老张的一番话却让他们认识到了自己的自私、小气。

当时老张在外面办事，另外一名同事打电话让他快快赶回来，当他回到单位的时候，很多其他部门的同事正围着他们，而他们也正在唇枪舌剑，老张赶紧走过去："你瞧瞧你们都什么样子，大家都同事五六年了吧，竟然为了几百块闹起来，至于吗？一人让一步又怎么样？"他的一句话说得小秦和小韩哑口无言，老张继续说："小韩，我先说你，你明知道你的工资中没有那五百块，为什么不愿还给小秦呢？你也知道小秦有两个孩子要养，你还单身，怎么不体谅他呢？再说你小秦吧，小韩平时也没少请你喝酒、吃饭吧，五百块又算什么呢？"

两人听完老张的话，都低下了头。接下来，老张继续说："这样吧，晚上我请你们俩吃个饭，这事儿就翻篇儿了，不过得你们俩埋单啊。"一句话让在场的所有人都笑了。

这则案例中的老张可以说是个受人欢迎的人，这里，我们可以发现，在调节人际关系时，他能做到不偏不倚、帮理不帮亲、同时批评，并以幽默收尾，从而让当事人心服口服。对于性格外向者而言，如果我们也能发挥自己性格中的优势部分，不断完善自己，就能和别人建立深厚的关系。

所以，外向型性格也有很多需要改进的方面。

1.对于工作不要大包大揽

外向者工作起来一般积极性高、充满能量，但也喜欢把什么事都揽下来，这样做，不仅让自己身心俱疲，还容易四面树敌，你最好和大家一起工作，如果你是一名领导，可以将部分工作委托给其他人。

例如，如果你经营自己的一家公司，你可能认为那些员工是因为有你才有了一份工作，才能生存，他们是依赖你的。但实际上，等到你的公司达到一定规模的时候，你一个人根本无法处理所有事务，此时，你必须学会依靠他们。

性格外向者还需要注意的是，千万不能因为工作辛苦、疲乏就半途而废，或者三分钟热度。

2.对事物的态度不必绝对

性格外向者多半是敢爱敢恨、爱憎分明的，他们很少考虑到事情的复杂性，他们眼中的事物也是非黑即白的。因此，外向者需要明白的是，看待任何事物，都不必两极分化。

3.着眼细处

外向者粗枝大叶，他们善于从全局角度看待事物，但却很少考虑到事情的细节处，因此招来不少麻烦。因此，外向者在工作和生活中应尽量克服这种毛病。

4.社交生活应控制

外向者是天生的社交家，他们多半喜欢从他人对自己的认同中获得快乐，所以，对于别人的请求，他们很少拒绝，他们看起来总是八面玲珑，但其实他们也常常因为烦琐的社交生活感到疲倦，与此同时，他们也会因此而被轻视。如果你是个外向者，如果你想获得真诚的友谊，那么，你最好控制你的社交生活，学会拒绝。

5.充盈你的内心世界

相对于自己的内心，外向者更关心外界事物，要改变这一点，你可以选择去看电影、看文学作品或者听音乐，学会独处，这有助于培养你的情操。

6.与思考者做朋友

与思维缜密、性格内向者交朋友，能帮助你实现性格互补、吸取对方的性格优点。从工作角度来说，性格外向的你敢于开拓，但如果有思维缜密的同事为你铺设细节，那么，成功也就唾手可得。

7.选择合适的职业

大部分工薪阶层的生活都适合性格外向者，因为这类工作没有过多的利益关系，而一些不需与人接触的工作则不适合他们，比如，记账、整理资料或者机器操作类的。

相对来说，内向者适合独自完成的工作，而外向者则适合与人合作，比如服务类的、销售类和公关类的。当然，如果一个外向者有着卓越的领导能力，他也是适合做指挥和监督工作的。

总之，如果你是一名性格外向者，你依然需要完善自己，需要调整性格中劣势的部分，只有这样，你才能扬长避短，才能塑造更优秀的自我。

[第2章]
外向者的心理劣势

我们都知道，性格外向者有很多性格优势，比如开朗、乐观、大方、适应能力强、善于与人打交道等，然而，任何事物都存在两面性，外向者还存在一些心理劣势，比如喜欢出风头、性格焦躁、粗心大意等，这些看似无关紧要的缺点，一旦成为我们的不良行为习惯，就可能影响我们的一生，为此，我们有必要进行一些心理调整，改正外向者的性格缺点，以此来完善自己，使自己成为一个更全面、更优秀的人。

切忌锋芒毕露，否则吃尽苦头

我们都知道，相对于性格内向者而言，性格外向者喜欢出风头，也就是锋芒外露，然而，这正是外向者性格的弊端，古人云："大智若愚。"外向者应该努力学习把握好藏与露的尺度，尤其是对于正在积聚实力的年轻人，更应该懂得收敛自己。

可能我们也发现这样一些现象，生活中那些工作出色、处处拿第一的人，似乎并没有什么朋友，而那些能力一般的人似乎周围总是不缺朋友，这是为什么呢？因为每个人都不希望自己的朋友强于自己，让自己成为配角，而对于那些抢尽风头的人，他们一般必会采取措施来排挤他。当今社会，竞争激烈，无论是商场还是职场，最终胜利的往往是那些低调的人，那些爱显摆、做人高调者往往成为别人排挤的对象。

因此，每个外向型者都要记住这一处世原则，不要让自己成为众矢之的。古人云："鹤立鸡群，可谓超然无侣也矣，然进而观于大海之鹏，则渺然自小，进而求之九霄之凤，则巍乎莫及。"我们要懂得"山外有山，人外有人"，你的那点小本事也许在那些真正的高手面前只不过是小把戏，班门弄斧只会让人笑话，因此，切不可太过嚣张、太有气焰。

约翰是个典型的外向性格的人，他很勤奋，性格也开朗，但也是个沉稳的人。在获得企业管理的硕士学位后，他就在一家国际性的化学公司工作。因为学历相当，刚进公司，他就被安排在了管理层的职位上，这令很多人不满意，尤其是那些和他年纪相仿的小伙子们，因为他们还在基层摸打滚爬，为了服众，约翰请求也从基层做起，这令上司很欣赏。

但约翰并不聪明，甚至是笨拙的，在很多业务问题上，他总是做得很慢。约翰的迟钝是明显的，为此，他的上司也开始为他着急："抓紧点，约翰，动作快一些！"

然而，约翰的速度似乎还是那么慢条斯理，永远都不着急。看到约翰蜗牛般的速度，人们开始不满，并用各种语言嘲笑他："如果约翰去当邮递员的话，那么，我们永远别指望收到东西了。"

即使他们这样说，约翰也没有生气，更没有说任何话，而是还按照自己的进度工作、学习。

不知不觉，约翰来公司也已经半年了。此时，公司决定举行一场专业知识和业务能力考试，而第一名将会被选拔为公司储备干部。

令大家奇怪的是，平时少言寡语、工作速度缓慢的约翰却一举夺得了第一名，此时，他们才明白，做得多才是成功的硬道理。

案例中的约翰是个争气的职场新人，他做事慢条斯理、不缓不慢，看似愚笨，甚至被对手嘲笑，但他并不生气，也不与之辩驳，而是拿行动来证明自己才是最优秀的，这是一种值得每个职场新人学习的精神。

其实，无论什么情境下，“枪打出头鸟”都是中国社会竞争中的一个法则，本来这只“出头鸟”勇于表现，在能力上并不低于他人，但很多时候，他们却成为“出风头”的牺牲品，这就是因为他们不懂得把握火候。

交际中，我们不难发现这样的人，他们性格外向、思路敏捷、口若悬河，但一说话，令人感到他很狂妄，因此别人很难接受他的任何观点和建议。这种人就是性格外向者，他们中多数都是因为爱表现自己，总想让别人知道自己很有能力，总想显示自己的优越感，从而获得敬佩和认可，结果却往往适得其反。他们妄自尊大，高看自己，小看别人的行为总会引起别人的反感，最终在交往中使自己处于孤立无援的地步，失去了在朋友中的威信；而那些谦让豁达的人总能赢得更多的朋友。

可能，一些性格外向的人会说，不表现自己，怎么会受到上司的赏识呢？不能错过机遇。但你是否考虑过，你能保证自己万无一失地解决问题吗？另外，你的锋芒毕露也就让你树敌无数，让你身边危机四伏，让你失去本应属于你的机遇。“枪打出头鸟”说的就是这个道理。

当然，这并不是要你做事畏首畏尾，不敢放手施展抱负。只是凡事都该有个“度”，低调做人，高调做事，张扬与内敛之间，就看你如何把握！

因此，如果你是一名性格外向者，你一定要记住：

1.安全最重要

人们总认为，人生竞技场好似一个走秀场，谁走得漂亮，谁就赢了，实际上，并不是如此，它是一个斗兽场，真正生存下来的才是最终的赢家。正因为如此，你不能如在走秀场上一样可以任情任性、尽情展现自我，而是应该懂得隐忍，凡事安全第一，凡事不要第一个冲出去。有时候，不表现比表现更好，不动比动更佳。

正所谓静若处子，动若脱兔，无利蛰伏，有利起早，这才是上上之策。

2.不要轻易暴露自己的缺陷，也不要轻易显摆自己的聪明

你在做事时第一任务是藏好自己的缺陷，不让缺点暴露，即使事情做不好，也不会坏在自己的手中。

同时，让所有人都见识自己的聪明，并没有太大的好处。以职场为例，从老板的角度看，聪明不代表有能力。对上司而言，聪明代表着难管。而对同事而言，聪明代表着压力。

外向心理启示

性格外向者要想拥有良好的人际关系，要想融入人际圈，就应该懂得收敛锋芒，这是交往的前提，凡事低调些，也绝非难事。

事必躬亲者最终会精疲力竭

我们已经了解到，相对于内向者而言，外向性格的人往往更具备充沛的精力，也总是充满生活和工作的激情。但是我们依然必须承认一点，每个人的精力和能力都是有限的，一个人也只有懂得与他人合作，才能规避这样缺陷。如果能取人之长补己之短，追求共赢，那么合作的双方都能从中受益。通过借助别人的力量来实现自己的愿望是一种大智慧，虽然不可能每个人都能做到这一点，但每个人都可以与他人合作，携手开创更大的事业。

因此，外向性格的人必须记住，要懂得将自己融入团体中，只有树立合作的意识，才能“众人拾柴火焰高”，才能将团队力量发挥到最大。

一个跳伞运动员在一次跳伞活动中，一不小心被挂在了飞机的起落架上，高空中的冷风飕飕地吹着。很快，飞机驾驶员看到了出了意外的

运动员，他不能见死不救，可是，他的座位离起落架太远了，他怎么也割不断救生伞，运动员只好一直被悬挂在起落架上。

为了救这名运动员，驾驶员想方设法也无济于事，最后他决定，还是带运动员回机场。为了保障运动员的安全，他降低了飞行速度——由原来的每小时80公里降到时速60公里。可是这样做，又会带来另外一个问题，飞机可能因为速度太慢而一头栽下去。当飞机在机场上空盘旋时，由于速度过慢，驾驶员已经感受到了飞机的震荡，稍不注意就可能发生危险。

此时，驾驶员眼前一亮，他发现前方有一片草地，如果能在草地上降落，那么，便能减少与飞机的摩擦，对保护运动员有好处。然而也有不利因素，如果处理不好仍然会造成机毁人亡，他想到了这点，但却不知运动员是怎么想的。要知道，此时若配合不好的话，就会导致更为严重的意外。

然而，运动员似乎与飞机驾驶员心有灵犀，就在飞机落地的一瞬间，运动员猛地把身子缩小，把头勾起来，他这样做的目的就是不让自己在飞机落地时碰到地面，保护自己不受伤，他的冷静给他带来了生还的希望。

很庆幸，飞机成功降落，虽然运动员的皮肤擦伤了，但其他一切正常。当他看到救他的车辆驶过来时，他兴奋地对救他的人说："我太幸运了！"有人告诉他："不是你幸运，是你们配合得太好了。"

可能你也为运动员捏了一把汗，但正是因为他与驾驶员的巧妙合作，最终化险为夷。这里，假设驾驶员对飞机的操作不够熟练，运动员对自己的身体机能不能很好地把握，那么，他们必定逃不过这一关，类似这样的事生活中极少发生，然而却说明了生活中配合与协助的精神是必不可少的。当然，在配合的同时，还需要每个人都发挥自己最擅长的力量。

生活中的人们，如果你现在正效力于一个团队，那么，你需要做的是：

1.做好自己的事情

团队合作中，最起码的事情就是把自己的事情做好。团队创造力的发挥也是建立在各尽其责上。

性格外向的你也要和其他同事一起按时做好自己的工作，并要做到更好，只有这样，你才能不给别人带来麻烦；也只有在这个前提下，你才能去帮助其他同事，否则你就有些轻重不分了。

2.信任你的伙伴

既然是团队成员，就要相信自己的伙伴，相信他们能够与你协调一致，相信他们会理解你，支持你。一个团队只有在信任的氛围中才可能高效、有创造力地工作。如果大家相互猜忌、互不信任，那么分工就不可能，因为总有一些任务依赖于别的任务；同时猜忌的气氛让每一个人都不能全身心投入到工作中去，也不利于成员们工作能力的发挥。

3.要努力形成自己的优势

任何一个团队都不可能只有一种人才。各个领域，各种能力的人形成互补的优势越强，团队的竞争力也就越强，成功的希望也越大。因此，团队需要每一个个体都能够有自己的优势，而这种优势最好是团队中其他个体所不具有的，从而弥补团队在某一个领域的不足。

4.学会有效的沟通

沟通是传达、是倾听、是协调，也是一个团队和谐有序的润滑剂。在营销学里有一个“250定律”，是美国著名推销员乔·吉拉德总结出来的。他认为每一位顾客身后大约有250名亲朋好友，如果你赢得了一位顾客的好感，就意味着赢得了250个人的好感；反之，如果你得罪了一名顾客，也就意味着得罪了250名顾客。销售人员与顾客的交往如此，人与人之间的沟通也如此。所以，认真对待你身边的每一个人，尤其是团队中的成员，会帮你赢得团队的信任，让生活充满热情，让工作更有效率。

外向心理启示

现代社会，任何一个性格外向者，都必须放下个人主义的思想，单打独斗不可能成功，事必躬亲者最终也会精疲力竭，学会与人合作，并充分发挥自己的优势，才会产生奋斗的激情，才会有工作的动力。

自负只会让你停止进步

生活中，我们发现，一些性格外向的人通常比较自信，自信就是自己信得过自己，自己看得起自己。别人看得起自己，不如自己看得起自己。美国作家爱默生说："自信是成功的第一秘诀。"又说："自信是英雄主义的本质。"然而，凡事都有双面性，自信的反面就是自负，实际上，我们也经常看到一些性格外向者自负的一面。

"虚心使人进步，骄傲使人落后"，这句话小孩子都会说，意思也很好理解，从字面上一看便知。然而，这样再普通不过的道理，生活中能够按照它去做的人却没有几个，大多数人都只是说一说，从来没有想过把它当作一种指导，一种指引我们行为方向的指南针。骄兵必败，自古便是如此。

国内外这样的例子更是数不胜数，从曾经霸极一时的拿破仑兵败滑铁卢，到楚霸王项羽自刎于乌江，无一不是用血的例子来验证这句话的正确。正所谓"成由勤俭败由奢，骄傲自满必翻车"。即使你曾经有过辉煌的成功史，也不要轻易骄傲，忍耐一些直到你取得下一次的成功。因此，那些自负的人们，如果你曾经失败了，那么这很正常。

古时候，有一个在佛学上很有造诣的人，一天，他听说在某个老古刹里住着一位德高望重的老禅师，便想去拜访一下。

刚开始，老禅师的徒弟接见了他，他一看不是老禅师本人，便心生不悦，心想：我在佛学上的造诣很深，找一个下人来接见我，未免也太不像话了。后来，老禅师出来了，便为他沏茶。可在倒水时，明明杯子已经满了，老禅师还不停地倒。他不解地问："大师，已经满了，你为什么还一直倒水？"大师说："是啊，既然已满了，干吗还倒呢？"禅师的意思是，既然你已经很有学问了，干吗还要到我这里求教？

老禅师要告诉我们的道理是，一个人只有真的做到不断清洗自己的大脑和心灵，把外在和内在的过时的东西、心灵的杂草、大脑的垃圾等，统统清除了之，然后以谦逊的心态去弥补自己的不足，才会真正有所收获。

古人云，轻诺必寡信。这不仅是一个主观上愿不愿意守信的问题，也是一个有无能力兑现的问题。一些性格外向的自负者为了表明自己的能力超群，常常答应自己无力完成的事，当然会让别人一次又一次失望。

的确，人都是有自满情绪的，尤其是当自己取得了一定的成绩后，心态便会变得不一样，甚至在穿着打扮上也会超前很多，说话、动作都会狂妄起来，并急于把自己的成绩告诉别人，生怕别人不知道，他原以为，这样，周围的人会对他刮目相看。而对于周围人的吹捧，他也很受用。但是，只要有这种感觉，人的意志会消沉，就会骄傲自满，人的精神会沉浸于那种享受中，不会再努力地学习和工作，也就停止了进步。

有这样一家公司，他们需要一名业务经理。

这天，一名年轻人来应聘，他自信满满地说："在这行，我可以说是经验丰富，并且最擅长做终端业务，如果授予我相应的自主权，那么我敢保证，一年做成100万元业务绝不成问题。"总经理庆幸喜得人才，任命他为地区经理。谁知一年后，他只完成了50万元的业务。总经理大失所望，撤销了他的经理职务。

第二年，又有一位年轻人前来应聘，说："我在这行才做了两年，自然不算经验丰富，但我希望贵公司能给我一次机会，那么我愿意竭诚为公司服务。"经理见他踏踏实实也很喜欢，就先让他干了一年。这一年，他干得果然卖力，一年完成了50万元业务。总经理对他大加赞赏，并提升他为地区经理。

同样是50万元业务，却一个降职一个升职，受到的待遇如此不同。这是期望值不同造成的结果啊！在推荐自己的时候，着实需要拔高自己，但也要量力而为，更不能胡乱吹嘘自己。如果一味地说自己多么能干而到头来没有实现自己曾经夸下的海口，那么结果只会让人把你看低。

总之，我们任何人做任何事，都要有自信，但自信过了头，就变成了自负。的确，人与人交往，谈论到某些问题，自然会产生分歧，你应该坚持自己的立场，但若太过自信，也着实在别人眼里成了狂妄，每个人对“自信”的定义可能有所不同。然而，如果要以中立的立场来谈，“自信”是一种内在的、关乎个人的态度；而“自负”是外放并会影响他人的，如果到了批判与伤害的程度，就称得上无礼的“狂妄”。

当然，你不需要过度地谦虚，否则你也会有心理压力，若能拿捏好这中间的尺度最好。

外向心理启示

性格外向者信心十足，有意拔高自己以求得他人尊重，这种心情可以理解，结果却难以如愿。然而，要做到自信却不自负，我们需要正视自己的优缺点。

“死要面子”只能活受罪

我们都知道，中国人最重视面子，面子就是尊严，伤什么不能伤面子。在很多人尤其是性格外向者看来，面子是尊严的代名词。通常来说，外向者倾向于从与外在世界的联系中获得认同，他们希望能获得他人的肯定和赞扬，为了这一点，一些人会为难自己，结果自生自气。

我们经常看到这样的场景：几个女人在一起为了面子，会互相比较，比谁的工资多，比谁的男朋友更有钱，比谁的衣服更名贵……与朋友打交道，无论何时，都为自己挣足面子：囊中羞涩却硬要做人，怕面子上过不去；生活困难也不求助，死要面子；不愿作为却勉强为之，为了面子……面子问题真的这么重要吗？实际上，“要面子”并没有什么错，从某种程度看，它是人类的优点，这是知廉耻、懂礼仪、求上进的表现，但如果“死要面子”，你只能活受罪。

的确，实际上，一些外向者死要面子，不愿承认个人力量的不足，而实际上，任何人都不是万能的，我们有太多事情，是你自己无法完成的。任何一个人，都有求人的时候，假如你是一个下属，希望能升职加薪；假如你是一名病人，希望能找到一个医术高超的医生解除你的病痛；假如你还在为工作发愁，希望能找到一份如意的工作；假如你急需一笔钱周转生意……这许许多多、大大小小的希望便构成了生活，为了抓住这些改变现状的机遇，你必须要舍得下面子，但一些外向者一提到这点便皱眉头，甚至羞于告人，觉得很没面子，他们对求人怀有一定的偏见，认为那一定是卑躬屈膝、低三下四的。其实不然，一个人要想在社会中生存得更好，就要懂得把握机遇，如果你为了所谓的面子而畏首畏尾，那么，你只能坐叹机遇不等人。

另外，在遇到他人求助于你的时候，你大可不必为了所谓的面子而勉强自己，只要你选用正确的拒绝方式，就能在不伤害友谊的情况下拒绝对方。一般来说，和内向者相比，外向者更怕拒绝别人，也有一些外向者认为，既然是拒绝，有什么难的，直接说“不”即可，其实不然，如果你全凭自己的兴致，不顾他人面子直接开口拒绝，那么，对方可能会因为失了尊严而与我们断交，那么，就得不偿失了。

我们再来看看下面这位深谙拒绝艺术的经理是如何巧妙地说出“不”字的：

某公司的销售部经理刘宏是个很善于与人沟通的人，在他的手下工作，很多员工都觉得干劲十足。公司其他领导都羡慕刘宏的工作模式——上班只是喝喝茶，发发工作指令，员工们心甘情愿地为其卖命，毫无怨言。其实，这都是因为刘宏很善于调动员工们的积极性。

一天，市场专员小王拿着一叠厚厚的资料，来到刘宏的办公室，对他说：“刘总，这是这个月的市场调查报告，您有时间整理一下吧。”

刘宏最近手头事情太多，而且，整理资料的工作本身就是下属应该做的。于是，他巧妙地拒绝道：“小王啊，你可一直是我最得力的助手啊，你看我桌上的文件，哎呀，你难道要看着我累趴下吗？算哥求你了，帮个忙吧，回头我请你吃饭。”

听到刘宏这么说，小王扑哧一声笑了，不到几个小时，他便把整理好的资料送到了刘宏的办公室。

案例中的经理刘宏拒绝下属的方法就是撒娇法，一句“哎呀，你难道要看着我累趴下吗？算哥求你了，帮个忙吧，回头我请你吃饭。”让下属看到了领导可爱的一面，这样一个可爱的领导，有哪个下属还好意思再进一步要求呢？

总之，如果你是一名性格外向者，你需要明白的是，谁都不能为了所谓的面子活着，太顾及面子只会为难自己，一个有修养的人并不是不会拒绝别人，也不是什么事都自己扛下，而是懂得大胆开口、真诚表达，说话情真意切，无论是求人办事，还是拒绝他人，他都能做到不伤感情，最终达到自己的目的。

外向心理启示

人生在世，任何人，包括那些想要获得认同的性格外向者，也应该注重自己的感受，而不是面子，如果死要面子，那么，你只能活受罪。

忽视细节会让你一败涂地

相对于内向者而言，外向者在社会生活中更吃得开，自身发展空间大，但他们也有不如意的地方，一些外向者常常和成功擦肩而过，究其原因，可以总结为粗心大意、忽视细节，最终做不成任何一件事情。然而，我们都知道，成功最重要的一个品质就是专注。汪中求先生曾多次提出“细节决定成败”，并且著有一本以此观点命名的书，在书中，他这样说：“芸芸众生能做大事的实在太少，多数人的多数情况总还只能做一些具体的事、琐碎的事、单调的事，也许过于平淡，也许鸡毛蒜皮，但这就是工作，是生活，是成就大事的不可缺少的基础。”反复咀嚼这句话，我们发现，要做成大事，就必须先从小事做起，小事成就大事，细节成就完美。

将任何有意义的事情做好，是成功的预示。如果你是一个粗心大意的外向者，那么，你要记住，你不会一步登天，但你可以逐渐达到目标，一步又一步，一天又一天。别以为自己的步伐太小，无足轻重，重要的是每一步都踏得稳。

古英格兰有一首著名的歌谣：“少了一枚铁钉，掉了一只马掌，掉了一只马掌，丢了一匹战马，丢了一匹战马，败了一场战役，败了一场战役，丢了一个国家。”这是发生在英国查理三世身上的故事。查理准备与里奇蒙德决一死战，查理让一个马夫去给自己的战马钉马掌，铁匠钉到第四只马掌时，差一个钉子，铁匠便偷偷敷衍了事，不久，查理和对方交上了火，大战中忽然一只马掌掉了，国王被掀翻在地，王国随之易主。

百分之一的错误导致了百分之百的失败，一钉损一马，一马失社稷，你是否听到一个远去的王朝风中的悲鸣——细节决定兴亡！

因此，我们在日常的思维活动中，要尽量做到面面俱到，关心细节处，只有这样，才能减少失误。

拿破仑是一位传奇人物，这位军事天才一生之中都在征战，曾多次创造以少胜多的著名战例，至今仍被各国军校奉为经典教例。然而，1812年的一场失败却改变了他的命运，从此法兰西第一帝国一蹶不振直至逐渐走向衰亡。

1812年5月9日，已经在欧洲大陆上取得辉煌成就的拿破仑率领着他的60万精英部队，准备远征俄罗斯。

法军果然是勇猛的，在短短的几个月内，他们就直捣莫斯科城。当他们进入莫斯科后，却发现市中心发生了火灾，这个城市的四分之一化成了灰烬。俄国沙皇亚历山大借势采取了坚壁清野的措施，使远离本土的法军陷入粮荒之中，即使在莫斯科，也找不到干草和燕麦，大批军马死亡，而很多军用武器因为无力运送不得不废弃。几周后，寒冷的天气给拿破仑大军带来了致命的诅咒。在饥寒交迫下，1812年冬天，拿破仑大军被迫从莫斯科撤退，沿途大批士兵被活活冻死，到12月初，60万拿破仑大军只剩下了不到1万人。

关于这场战役失败的原因众说纷纭，但谁又能想到是小小的军装纽扣起着关键的作用呢？原来拿破仑征俄大军的制服，采用的都是锡制纽扣，而在寒冷的气候中，锡制纽扣会发生化学变化成为粉末。由于衣服上没有了纽扣，数十万拿破仑大军在寒风暴雪中形同敞胸露怀，许多人被活活冻死，还有一些人得病而死。

拿破仑的失败，正验证了人们说的“成也细节，败也细节”，拿破仑正是因为没有将战争中的细小问题——如何抵御严寒考虑到，而导致了将士们被活活冻死。

有人说，细节就好比是精密仪器上的一个细微的零部件，虽然只是一个细小的组成部分，但是却起着重要的作用，一旦这个“零部件”出错，那就意味着全盘皆输。

毫无疑问，每个人都渴望成功。但成功要靠一步步的积累，一个人能否成就卓越，取决于他是否做什么事都力求做到最好，其中自然也包括那些再平凡不过的小事。事实上，会利用机会的人，往往不是那些把机会奉为神明的人，他们从没把希望寄托在机遇上，他们知道，大事业是从小处开始的，他们明白，一砖一木垒起来的楼房才有基础，一步一个脚印才能走出一条成功的道路。

因此，生活中的外向者始终要记住的是，无论你的目标有多大，你都需要从小事做起，从手头工作开始。平庸和杰出的差距就在一些细节中，这是一个细节制胜的时代，对于自己的工作无论大小，都要了解得非常透彻，数据应该非常准确，事实也应该非常真实，这样才能脚踏实地完成宏伟的目标。

外向心理启示

无论你现在从事什么工作，你的职位如何，那种大事干不了、小事又不愿干的心理都是要不得的。要知道，没有人可以一步登天，当你认真对待每一件小事，你会发现自己的人生之路越来越广，成功的机遇也会接踵而来。

低调沉稳，自大狂妄的人不受欢迎

相对于内向者而言，外向者更希望从他人的肯定中获得价值感，他们更有骄傲狂妄的倾向，他们总能找到自己的长处，并将之与他人的短处相比。然而，我们都明白的是，没有人喜欢骄傲狂妄的人，一个自大者必将失去朋友。

的确，无论是做事还是做人，一个人都应该低调谦虚，没有人喜欢自我膨胀的人。大哲学家苏格拉底常说：“我平生只知道一件事，我为什么是那么无知。”“我非常清楚地知道，我并没有智慧，不论大的还是小的都没有。”这就是大哲学家的智慧。

中国也有句俗语："低调做人，高调做事。"这其中的"低调做人"就是一种心态淡然的体现。真正饱经世事的人都明白"花要半开，酒要半醉"的道理，因此，在为人处世的过程中，即使你正处于人生的志得意满、踌躇满志之时，也不可趾高气扬，目空一切，不可一世，无论你有多么出众的才智，也不要把自己看得太了不起，不要把自己看得太重要，还是把心态放平和，收敛起你的锋芒，掩饰起你的才华，争取更宽泛的人际关系。

美国曾有位总统，为了庆祝自己连任，他曾向社会开放白宫，这天，他接见了前来参观白宫的一百多位小朋友。

一位叫约翰的小朋友问："小时候哪一门功课最糟糕，是不是也挨老师的批评？"

"我的品德课不怎么好，因为我特别爱讲话，常常干扰别人学习。老师当然要经常批评了。"总统告诉他说。

总统的回答，使现场气氛非常活跃。

约翰问完后，一个叫玛丽的小女孩说："我每天都不愿意去上学，因为我怕在路上遇到坏人。"

此时，总统收起笑容，严肃地说："我知道现在小朋友过的日子不是特别如意，因为有关毒品、枪支和绑架的问题，政府处理得不理想，我希望你好好学习，将来有机会参与到国家的正义事业之中。也只有我们联合起来和坏人作斗争，我们的生活才会更美好。"

总统告诉小朋友们，自己的过去和他们一样，也常被老师批评，但只要经过自己的努力，也会成长为有用的人。总统在认同小朋友对社会治安担心时，还鼓励小朋友参与正义事业，因为那样正义者的力量会更大。

总统放低姿态的谈话方式使小朋友们发现，总统和他们之间没有任何距离，也像他们一样是普通人，是可亲近的、可以信赖的"大朋友"，从而紧紧抓住了小朋友的心。即使场外的大人们看到这样的对话场面，也会感到总统是一个亲切的人。

而现实生活中，总有这样一些人，在他们的眼里，谁都不如自己，目空一切。也许他们是有很多过人之处，但任何人都不是全才，如果停止了学习的脚步，就会故步自封，止步不前，甚至被社会淘汰。而只有取人之长补己之短，才能不断完善自己，少走很多人生的弯路。

在这个错综复杂、五彩缤纷的世界上，不同的人有不同的命运，有的人一生乐观豁达，与世无争，他们谦虚好学，平步青云，一路欢乐，让人赞扬和钦佩；而有的人则骄傲自满、处处受阻，最终导致郁郁寡欢，碌碌无为，抱恨终生，遭人非议、鄙视、唾弃。很明显，我们都愿意选择前者，其实，这两种人生境遇的差异，究其原因，是为人“调”不同，低调做人是一种生存的大智，是一种韧性的技巧，是做人的一种美德。

那么，与人交往的过程中，我们该怎样做到低调做人、谦逊谨慎呢？

1.自信却不张狂

人际交往中，我们发现，那些真正能吸引人的人都是有自信的，但这种自信，绝不能延伸到张狂的地步，自信，不是自大，是自我肯定，也只有自我肯定才会得到别人的肯定和赞赏。

2.要有自知之“明”

人们常说人贵有自知之明，这个“明”，就是要全方位地看待自己并了解自己，如果只看到自己的长处，那就是自大，反之，则是自卑。事实上，我们每个人都既有优势，又有不足，如果我们能客观地估价自己，在找出自己的长处和优势的同时，也能看到自己缺点和短处，那么，便能很好地弥补自己的不足。

3.主动请教

一个人要想不断进步，就必须多向他人请教，脱胎换骨，虚心学习，全面接受新知识，全面适应新环境，全面构建新素质。而不能骄傲自满，更不能自以为是。

4.多审视别人的长处和自己的短处

那些骄傲自大的人，多半只看到自己的优点而看不到自己的不足，更看不起别人。因此，一个人要做到谦和，就要做到在待人处事上，多审视自己的短处，看到别人的长处，才能逐渐变得谦卑。

5.谦卑并不意味着活在别人的眼光中

要谦虚为人，并不意味着你什么都要看别人的眼色。只要你能拿捏好自信的尺度，如果还是会招致他人的不满，那么，便是他嫉妒。这是他的问题，他本身缺乏自信。对于这样的人，你不必与之计较，你要做的就是过好自己的人生。

外向心理启示

上帝阻挡骄傲的人，赐恩谦卑的人，如果你也是一个爱骄傲的人，就从现在开始审视自己，改变自己，做一个谦逊的人，那么，你一定会赢得他人的欢迎。

冷静应对，焦躁会坏了大事

外向者有很多优势，我们生存的社会中，外向者也更吃得开，然而，他们还是会遇到各种各样的困难，这就需要他们有内向者的冷静，要懂得沉着应对。我们不难看到的是，一些外向者在问题面前就自乱阵脚、局促不安。因此，生活需要我们沉静，焦躁只会坏了大事。

对于大部分的外向者而言，必须修炼自己的应变能力，而首先你要做到的就是具备足够的勇气，只有这样，你才能沉着冷静面对突如其来的情况。其实，又有什么恐惧的呢？只要内心刚正不阿、勇往直前，你就能独当一面。2006年2月《环球时报》曾经报道过这样一个故事：

有个小男孩叫萨契利，五岁，这天，他的妈妈开车带着他和他仅八个月大的弟弟去另外一个地方，就在汽车行驶在某条公路上时，不幸的事情发生了。

当时，他的母亲在车上找手机，但因为一时疏忽，车子一下子失控了，汽车的左侧撞到了树上，车窗全被撞碎，坐在驾驶位置上的妈妈当场就晕了过去，头上鲜血直流。这时的小萨契利害怕极了，但他还是很快冷静下来，然后爬到车后座，解开弟弟身上的安全带，然后抱起弟弟从车里爬了出来。

后来，他居然一个人步行了将近1公里，敲了3户人家的门。到第三户的时候，有一个叫南希的人给他开了门。当南希打开家门时，她被眼前的景象惊呆了，一个才1米高的小男孩，光着脚，满脸恐惧，手上抱着一个正在哭泣的婴儿，还没等南希反应过来，男孩冲着她大喊："我妈妈在公路下面，求您快去救她。"听完男孩的讲述，南希跳上车前去援救。消防人员也随后赶到。男孩妈妈被送往哥伦比亚医疗中心重症监护室。在昏迷了10天后，她终于睁开眼睛说话了。

这个故事的确令人震撼，一个5岁的男孩，还未对社会有全面的认识，怎能有这样的勇气？无疑，这种勇气是不断培养和积累获得的。那么，现在我们来假设一下，你也遇到这样的情况，你是否也能做到如此镇定、毫不畏惧呢？

事实上，我们也不难发现，很多人正是缺少这种反应能力进而使事情陷入更糟糕的状态。

如果你是个容易自乱阵脚的外向者，在遇到情况时，你要做到：

1.稳定情绪

也就是说，首先不管遇到什么情况，你都不要惊慌害怕，只有冷静的头脑才能进行理智的思维，也才能找出解决问题的方法。为此，你不妨做一下深呼吸，然后告诉自己："没什么大不了的。""我能搞定。"

然而，我们不得不承认，不少外向者是容易情绪化的，很多人在这一问题上做得并不好，他们一遇到问题就牢骚满腹，或者求助于他人，这样做，又怎能培养出良好的应变能力呢？

2.冷静下来，不要自乱了阵脚

有时候，你之所以找不到问题的出口，其实在于你的心态。一个冷静的人在遇到问题时通常都能以最快的速度对问题作出回应。一个自乱阵脚的人又怎么可能理智对待问题进而找到出口呢？

因此，我们可以说，一个人的应变能力如何首先取决于他们遇到问题时的心态。

3.找到问题的关键点

造成突发状况的出现，肯定是有个环节出了问题。因此，在你冷静下来后，就要重新审视事情的全部过程，找到关键问题，才能有的放矢进行补救。

4.在日常生活中培养自己的勇气

在合理的范围内，你可以大胆地做自己想做的事，一个敢作敢为的人，才能有勇气、有信心面临突发问题。

5.学会从宏观角度把握问题

可能你有过这样的体会：当你演算一道数学题时，你绞尽脑汁也找不到答案，但当你回过头重新看时，你会发现，原来你走的艰辛的一步已经被其他人解决了。的确，如果你只是着眼于手上的事，并一门心思解决，那么，你很可能陷入到思维的局限中，而只有从宏观角度把握，你才能发现，借助他人的思维成果往往让自己省去很多烦琐的思维过程。

总之，在遇到一些意外情况时，你首先要告诉自己的是不要害怕，冷静面对才会找到解决方案！

外向心理启示

一个人在遇到突发问题时是否有独自解决的能力的前提是是否有勇气面对和承担，因此，消除自己的紧张、恐惧情绪是极为重要的。

[第3章]

外向者的心理优势

前面，我们已经谈及了外向者的性格特点，并了解到，相对于内向者而言，外向者更吃得开，这是与外向者具备某些心理优势相关的，外向者开朗、自信、积极、做事专注等，这些都是值得内向者以及所有人学习的，这样，你便会成为一个左右逢源、积极阳光的人。

外向者是天生的外交家

知识经济时代的来临，人际关系的重要性已经毋庸置疑，正如人们常说，一个人能否成功，不在于你知道什么，而在于你认识谁。人脉是一个人通往财富、成功的门票。自古以来，看那些商界的成功人士，他们之所以成功，也都因为拥有一本雄厚的“人脉存折”，才有之后的辉煌的“成就存折”。那怎样才能积累人脉？实际上，人际关系不会自行获得，需要我们主动去拓展交际范围。而性格外向者就具备这个本领，他们是天生的外交家，他们擅长同当地与周围的人交流。

外向者明白，在社会活动中，只有发现可以利用的人际资源，然后适时地去“挖掘”，才能找到自身的位置，进而如鱼得水，游刃有余。

的确，人际资源就好比一种取之不尽用之不竭的可再生资源，人的力量我们已经不可否认，或许也有一些外向者对“关系”这个词不齿，认为这是拉帮结派，利用所谓的“裙带关系”，诚然，人际关系要在合适、合法的范围内，但我们不能否定人际资源对于我们每个人的重要性，为自己织好一张结实的人际关系网，是我们立于世的长久之计。

鸿门宴上，若不是张良的通风报信，恐怕刘邦也逃不过鸿门宴，而张良也是通过与项伯的交情才获知了消息，让刘邦得以逃脱，最终成就了自己的一番大业。

刘邦的军队驻扎在霸上，没能跟项羽相见。刘邦的左司马曹无伤就派人去告诉项羽："刘邦想占领关中称王，让子婴做国相，珍珠宝器都归为自己所有。"项羽听后非常生气地说："明天用酒肉犒劳士兵，要让他们打败刘邦的军队。"此时，项羽的军队有四十万人，驻扎在新丰县鸿门；刘邦的军队有十万人，驻扎在霸上。范增劝告项羽说："刘邦在山东时，贪图财物，爱好美女。现在进入关中，财物一点都不要，妇女一个也不亲近，这（表现）他的志向不小。我叫人去看过他那里的云气，都是龙虎形状，成为五彩的颜色，这是天子的云气啊。你赶快攻打他，不要失掉时机！"

楚国的左君项伯是项羽的叔叔，平时和留侯张良友好。张良这时候跟随着刘邦。项伯就连夜骑马赶到刘邦军中，私下会见了张良，把事情详细告诉张良，想叫张良和他一起离开刘邦，说："不跟我走将会一起被杀。"张良说："我替韩王护送沛公入关，沛公现在有急难，我逃跑离开是不讲道义的，我不能不告诉他。"张良就进去把情况详细告诉刘邦。刘邦大吃一惊，说："怎样应付这件事呢？"张良说："谁替大王献出这个计策的？"刘邦回答说："浅陋无知的人劝我说：'把守住函谷关，不要让诸侯进来，秦国所有的地盘都可以由你称王了。'所以我听信了他的话。"张良说："估计大王的军队能够抵挡住项王的军队吗？"刘邦沉默一会儿说："本来不如人家，将怎么办呢？"张良说："请让我去告诉项伯，说沛公不敢背叛项王。"刘邦说："你怎么和项伯有交情的？"张良说："在秦朝的时候，项伯和我有交往，项伯杀了人，我救活了他；现在有了紧急的情况，所以幸亏他来告诉我。"刘邦说："他和你的年龄，谁大谁小？"张良说："他比我大。"……

这是鸿门宴的前奏阶段，刘邦侥幸逃脱，很大一部分原因在于张良和项伯的周旋，我们从中可以发现人际资源的重要性。

其实，不只是那些外向者，所有人都要对人际关系有一个正确的认识。有的人认为关系万能，关系能摆平一切，因此，他们从不重视积累自己的能力，只是一味地奔走于人际之间；有的人生性冷淡、腼腆，他们对于人际关系，却是一直采取排斥的态度，他们认为与人打交道就是"走后门""拉关系"；也有一些人，他们仗势欺人，凭借手中的资源，比如权力、财富，贪得无厌，任意妄为，在和别人的交往中总是摆出一副"施恩者"的嘴脸。而实际上，对于正常的人际关系及如何运用，我们应该产生一种基本的意识，那就是，我们每个人都需要与周围的人打交道，就会产生人际关系，这是一种社会资源，也体现了人的基本能力，它既不是万能的，也不是完全可以被我们抛弃的。因此，关键在于我们怎么去应用，才能对我们的生活和事业有所帮助。

外向心理启示

外向者是天生的外交家，他们能从与他人的交往中获得价值感和认同感，但外向者以及所有人都要对人际关系有一个正确的理解，要善于开发利用良性的人际资源，让它成为我们事业成功的助推器！

外向者大肚能容，不斤斤计较

金无足赤，人无完人。生活中，我们每个人都有缺点，也都会在做人、做事上有些失误，我们都知道，对待别人的过失和缺陷，我们应该宽容大度一些，不要吹毛求疵，可以求大同存小异，甚至糊涂一些。而性格外向者恰恰有这样的雅量和胸怀，他们更懂得用自己宽容的心去原谅别人的错误。

我们可以看到，日常生活中，相对于内向者而言，一些性格外向者在与人交往的时候，他们的心胸更宽阔，对待别人的伤害，他们也通常会选择原谅。

的确，人活在世上就应该活得精彩一点，要想活得精彩就要接触社会，就得交往各样的朋友，你就不能太较真。如果一味地明察秋毫，眼里容不下沙子，过分挑剔，连一些鸡毛蒜皮的小事也要斤斤计较，那么你就会变成孤家寡人，相信没有人愿意和你交往。

包容是善的力量，它能拉近人与人之间的距离，改善彼此间的关系。古语说“厚德载物”，因德是无私的、最可信赖的，是万物皆可亲可近的媒介，这种德越淳厚，就越有承载性和包容性。包容就是一种“德”，生活中的人们，如果你对周围发生的任何事都能付诸一笑，大度一点，学会吃点小亏，那么，你的生活必当更加美好。而如果一个人总是眼里容不得沙子，锱铢必较，不仅会遭人厌恶，有时还会招来怨恨，因此，常怀一颗宽容之心，你就会赢得人们的尊敬。

从前，有两个人，他们是邻居，一个叫纪伯，一个叫陈嚣。

纪伯是个爱占小便宜的人，这天夜里，他偷偷地将隔开两家的竹篱笆，向陈家移了一点，这样，他家院子的范围就宽多了，但他做的这些都让陈嚣看到了。纪伯走后，陈嚣将篱笆又往自己这边移了一丈，使纪伯的院子更宽敞了。纪伯发现后，很是愧疚，不但还了侵占陈家的地方，而且将篱笆往自己这边移了一丈。

陈嚣的主动吃亏，让纪伯感到相当内疚，他产生了“以小人之心度君子之腹”的感觉，这就欠下了陈嚣的一个人情，即使他还了这个人情，但是每当他想起时，还是会内疚，还是会想办法报答陈嚣。

表面上是陈嚣吃了点小亏，但实际上因为他会吃亏，反而赢得了纪伯的友谊和尊重。

中国有句老话：“为别人留余地就是为自己留余地。”事实上的确如此，我们都是社会的人，都要和周围的人打交道，难免产生分歧，但不管谁是谁非，“计较”别人无论从哪个角度来说，都不是一件好事。此时，你一定要记住，别为小事计较，宽容才是珍惜的表现，相反，处处爱和人争执是自私的表现，凡事应先站在别人的立场考虑双方的问题，然后作出反应和行动，是合适之举。

莎妮打算在参加同学聚会时，将丈夫介绍给自己的高中同学，但丈夫迟到了一个小时，而且只是向莎妮的同学简单打了个招呼，就匆匆离开了。等到聚会散场，莎妮心中强忍的怒火再也无法抑制，但她转念一想，争吵无济于事，于是，她换一种说法表达了自己的不满：“你只是招呼一声就匆匆离开，真的很可惜，因为本来有很多关于你的话题要跟大家谈的。”看到妻子这样善解人意，丈夫诚恳地道了歉。

这里，妻子莎妮的做法是正确的，在遇到这种情况时，与其怒不可遏地指责丈夫对你的朋友太不礼貌，还不如平心静气地对丈夫晓之以理。反之，如果莎妮指责丈夫：“你总是这样目中无人！那些都是我5年没见面的死党，你怎么能对人家那么冷漠呢？”恐怕出现的便是一场家庭战争。

与人打交道的过程中，一些性格内向者做事认真，但却也爱较真，导致在人际交往中，总是吃不开。这就再次证明，“吃亏是福”，确实是一剂人生“良药”。

在别人不小心触犯到你的利益时，一句“我不介意”大可以一笑了之；在别人犯了无心之失时，你也可以说一句“没关系”；当与别人观点发生分歧时，说一句：“这没什么。”这寥寥数语虽然人人会说，可又有多少人能将它深植在心中？世间有多少人为公车上的磕磕碰碰争得面红耳赤？多少人为生意场上的蝇头小利争得你死我活？多少人为了学术上的不同观点弃斯文于不顾？在那一刻这些人有没有想到“退一步海阔天空”的道理呢？我们的世界五彩缤纷，每个人都是一个独立的个体，任何人都不能将自己的思想、行为强加于人，而我们又必须在同一片天际下生活，人类要和谐共处就必须学会宽容，如那尊弥陀寺的大佛，展开胸襟，绽开笑脸，接纳天下事，这时，心灵便比大地更厚重，比天空更广阔。

外向心理启示

外向者心胸更宽广，实际上，我们每个人都要学会和忍耐包容，即使自己吃点亏，也是一个很好的交际方法，这会让我们在对方眼里变得豁达、宽厚，让我们获得更深的友谊。这当然会使对方更心甘情愿帮助我们，为我们做事。

幽默风趣帮助外向者摆脱压力和烦恼

我们都知道，相对于内向者而言，性格外向者思维更积极，大多数外向者都有一大优势，那就是风趣幽默。相信我们不难发现一点，外向者生活得更快乐、遇到问题更善于调节自己的情绪，这主要是因为他们懂得减轻压力的方法，其中有一条就是幽默，因为“开心是一剂良药”。

一位国外名人非常认同幽默的力量，他认为幽默能让人开心，而开心自然就能更好地保持心理健康，并且还能治愈许多疾病。幽默是最有效的精神按摩，能有效地帮助患者松弛紧绷的神经。

生活中的外向者，你可能也会经常遇到一些烦心事，此时，怨天尤人、消沉、悲观厌世，甚至怀有仇恨心理，这些都于事无补，相反，学会发挥自己的优势——幽默，学会苦中作乐，反而使你的心灵得到滋养。因为幽默，你会笑口常开，你会拥有一颗比常人更加年轻积极向上的心。当然，化解不良情绪的幽默，可以来自于自己，也可以通过读懂他人的幽默获得。

陈红是个网络作家，更是个幸福的女人，结婚十几年来，她总是生活在丈夫为她制造的快乐中。有时候，即使心情不好，丈夫也能让她的心情“多云转晴”。星期日，丈夫说他要看书，让她看孩子。本来陈红要写稿子，可丈夫难得刻苦一次，陈红觉得应该鼓励丈夫这种偶尔的进取，就带着孩子出去了。

临近中午，其他家长都带着孩子回家了，陈红见孩子没玩伴也闹着回家。可她想给丈夫多一点儿时间，就又想方设法哄着孩子多玩一会儿，直到孩子说饿了，才带他回家。

回家后，陈红满以为丈夫坐在写字台前，一手握着笔，一手翻着书，眉头紧皱满脸深沉地用功呢，谁知进了门一看，人家“老先生”正歪在沙发上，指间夹着烟，兴致勃勃地看香港武打片呢！

陈红的火一下子上来了，声音尽管不高，但语气很冷：“我的稿子不写，带着孩子出去玩，到点还不敢回家，怕耽误你的学习。你可倒好，书不看却在这儿看电影！”

丈夫见她不高兴了，就像个受害者见到了伸张正义的人，用很气愤的声调“控诉”说：“看电视报上的片名，真以为是个猛片呢，看到现在才发现，这根本不够猛片的水平！”于是，他手握遥控器，很夸张地用力一按关了电视，站起身来扳着妻子的肩膀，一本正经地说：“走！咱们找电视台索赔去！它耽误了我看书是小事一桩，耽误我老婆写稿子事儿可就大了，咱们至少向电视台要求赔偿100万元！”

虽然陈红忍着没笑，但气一下子消了。的确，丈夫已经用这种轻松方式表示了他的歉意和愧疚。她还有什么话可说，还有什么值得深究的？于是，她只好打开电视，把丈夫按在沙发上：“还是看完这不够猛的片子吧，要不索赔也没有依据。”

这里，陈红的烦恼和快乐可以说都来自于她的丈夫，丈夫的无理行为，让她顿时气不打一处来，但丈夫几句幽默的话，立即让她的心情变晴朗了。

那么，生活中的我们，又该如何运用幽默来化解心中的郁结呢？专家提出几点建议。

1.找点“糗事”做做

著名心理学家埃利斯发明了一种“打击羞耻”的练习方法，也就是你不妨让自己在公共场合找一些“糗事”做做，比如，找陌生人借一块钱，在公交车上大声报站等。做完这些“糗事”后，人们觉得很多担心的事“原来也不过如此”。

2.自嘲

每个人都有这样或那样的缺点和不足，比如，长得太胖、说话结巴……自卑和逃避只会凸显这些问题，而每次坦率和戏剧化的自嘲能使心理天平保持平衡，化解抑郁情绪，而且坦诚也会得到他人的信赖和好感。

3.夸张

遇到问题时，你的心情难免紧张，此时，你不妨预测一下最坏的结果，并把这一结果在脑子里进行夸张的想象，你可能会莞尔一笑，心情自然会轻松许多，立刻变得大好。

4.联想

在正常的思维模式下，如果你认为某人比较优秀，再将其与自己进行比较，你会发现，对方真是完美极了，而自己太卑微了。那么，你不妨换一种思维，你可以想象一下对方身上的俗事，把神化的对方重新变成俗人，如看电视时吃得满脸都是薯片碎末，喝汤吧唧吧唧嘴等。

总之，幽默对于情绪的调节，就像是夏日里的清风、严冬里的温暖，幽默是忧愁时的欢乐。让我们挖掘生活中的点滴幽默吧，笑一笑，十年少。笑口常开，百病不来。你会发现，从你懂得幽默的那一刻起，幸福和快乐便与你相伴相随！

外向心理启示

幽默是一种生活的大智慧，是解除苦闷的金钥匙。幽默是生活中的调味剂，既能让自己轻松，也为别人增添快乐。

善于展现自己的外向者总能聚集人气

假如在你生活和工作的周围有一些性格外向者，也有一些内向者，你会发现，外向者总是有更好的人际关系，也更易获得别人的支持，这是因为他们更懂得展现和推销自己。而一些没有特色，也不懂得表现自己的内向者只能被他人遗忘。

的确，我们的生活中，一些人埋怨自己没有机遇，不能在事业上取得优异的成绩。光阴似箭，日月如流。岁月是无情的，时间也是。我们可以奋斗的时间并不是太多。你要知道，金子不是在哪里都会发光的，你要释放自己的光彩，就要懂得推销自己，否则即使你是块纯金，也无法让人们所知，而只能沉默在这个光彩夺目的世界了。因为你无法得到社会的认同，所以用积极主动的态度去获得表现自己的才能，去得到社会的认同才是关键。

相信我们都听过推销大师乔·吉拉德的名字，在他的推销生涯中，他从不忘记时时推销自己。人们都问乔·吉拉德同样一个问题：你是怎样卖出东西的？生意的机会遍布每一个细节。对此，乔·吉拉德的回答是："给你个选择：你可以留着这张名片，也可以扔掉它。如果留下，你知道我是干什么的、卖什么的，细节全部掌握。"乔·吉拉德认为，推销的要点是：不是推销产品，而是推销自己。

35岁以前的乔·吉拉德一事无成，还身负重债。后来，有朋友介绍他去一家经销汽车的公司，推销经理哈雷先生起初很不乐意。

"你曾经推销过汽车吗？"他问道。

"没有。"

"为什么你觉得自己能够胜任？"

"我推销过其他东西——报纸、鞋油、房屋、食品，但人们真正买的是我，我推销自己，哈雷先生。"

乔·吉拉德已经重建了足够的信心，他并不在意自己已经35岁，也不在乎人们所认为的推销是年轻人干的这个观念。

哈雷笑笑说："现在正是严冬，是销售淡季，假如我雇用你，我会受到其他推销员的责难，再说也没有足够的暖气房间给你用。"

生存的威胁已经使乔·吉拉德变得更加坚强。"哈雷先生，假如你不雇用我，你将犯下一生最大的错误。我不要暖气房间，我只要一张桌子、一部电话，两个月内将打破你最佳推销员的纪录。"乔·吉拉德信心十足，但实际上他并没有把握。

哈雷先生终于在楼上的角落给他安排了一张满是灰尘的桌子和一部电话。就这样，乔·吉拉德开始了自己新的事业。

乔·吉拉德就这样把自己推销了出去，而事实上，哈雷先生的抉择是明智的。谁能想象得到，像这样一个谁都不看好，而且背了一身债务、几乎走投无路的人，竟然能够在短短三年内爬上销售界世界第一的位置，并被吉尼斯世界纪录称为世界上最伟大的推销员呢？

法国著名职业选择研究家巴乐肯所著的《形体、性格与职业选择》一书中曾有这样一段话："不论是一位医生、律师、舞蹈教师，还是银行职员，你的一生成败大部分依赖于你是否具备推销自己潜能的能力。有些人天生懂得怎样有效地推销自己，并给人们一种良好的印象，这完全是因为他们使用了一点额外的智力，我们姑且称之为'推销潜能意识'。"的确，现代社会，优秀的人太多了，你不毛遂自荐，"把一切秀出来"，有谁来发掘你的才华，并不是金子在什么地方都能发光，无数伟大的成功，都建立在懂得找准自己位置的基础上。

人人都有潜能，但并非人人都能表现出潜能。下面就给大家介绍一些推销自己潜能的原则：

1.敢于主动表现自己

如果你是一名外向者，你应该将自己勇敢大胆的特质展现出来，要大胆地追求自己的事业，你要记住，没有怀才不遇，只有寻找机遇，不要放过每一次机会！生活和工作中到处充满着机会，这些机会带来成长的养分，带来勇敢，培养品德，赢得朋友！

2.在适当的场合下，恰当地表现自己的潜能

比如，你有绘画的潜能，而你所从事的却是销售工作，那么你就可以在做销售的同时充分表现出这种潜能，绘制漂亮的标签和宣传广告，这样你就比其他销售人员多了一种优势。

3.应该善于迁移自己的潜能

你应懂得把自己的潜能与其他活动结合起来，创造出一种新的能力，这种能力就是别人所不具备的了。

4.推销自己潜能的目的在于让对方接受自己，所以推销潜能还要顾及对方，不可一味卖弄，以免弄巧成拙

沧海桑田，斗转星移，千里马，尚需伯乐来寻；金子，也要在合适的地方才会发光，一个人，即使你有天大的本事，如果不为人知，不被人发现，就像地下尚未开采的煤，深深地埋在地下，永远没有出头之日，要想得到其他人的承认，不仅要主动推销自己，还要善于推销自己。

外向心理启示

任何人，也包括外向性格者，要想获得他人的认同，首先要学会推销自己，只有懂得找准自己的位置，发掘长处，让机遇光临你，才能创造人生价值。

追求极致的做事风格让外向者实现卓越人生

相对于内向者而言，外向者身上有一大特质：执着。他们要么不做，要做就做到最好，这是一种追求极致的做事风格，而正是这一点，让外向者总是不断追求卓越，这是很多内向者需要学习的。

在中国，画坛宗师齐白石就是个做事专注的人，除了画画以外，在雕刻艺术上的精益求精也体现了他这一品质。

齐老先生不仅擅长书画，还对篆刻有极高的造诣，但他并非天生擅长这门艺术，他也经过了非常刻苦的磨炼和不懈的努力，才把篆刻艺术练到出神入化的境界。

年轻时候的齐白石就特别喜爱篆刻，但他总是对自己的篆刻技术不满意。他向一位老篆刻艺人虚心求教，老篆刻家对他说："你去挑一担础石回家，要刻了磨，磨了刻，等到这一担石头都变成了泥浆，那时你的印就刻好了。"

于是，齐白石就按照老篆刻师的意思做了。他挑了一担础石来，一边刻，一边磨，一边拿古代篆刻艺术品对照琢磨，就这样夜以继日地刻着。刻了磨平，磨平了再刻。手上不知起了多少个血泡，日复一日，年复一年，础石越来越少，而地上淤积的泥浆却越来越厚。最后，一担础石统统都被"化石为泥"了。

这坚硬的础石不仅磨砺了齐白石的意志，而且使他的篆刻艺术在磨炼中不断长进，他刻的印雄健、洗练，独树一帜，达到了炉火纯青的境界。

的确，成功者之所以成功，就是因为他们在专注的过程中，经过了沮丧和危险的磨炼，才造就了天才。在每一种追求中，作为成功之保证的与其说是卓越的才能，不如说是追求的目标。目标不仅产生了实现它的能力，而且产生了充满活力、不屈不挠为之奋斗的意志。因此，意志力可以定义为一个人性格特征中的核心力量，概言之，意志力就是人本身。它是人的行动的驱动器，是人的各种努力的灵魂。真正的希望以它为基础，而且，它就是使现实生活绚丽多姿的希望。在伯特尔修道院镌刻着一条关于破碎的头盔手工艺格言："希望就是我的力量。"这条格言似乎与每个人的生活息息相关。

福韦尔·柏克斯顿认为，成功来自一般的工作方法和特别的勤奋用功，他坚信《圣经》的训诫："无论你做什么，你都要竭尽全力！"他把自己一生的成就归功于"在一定时期不遗余力地做一件事"这一信条的实践。

越是认真、拼命工作的人，就越会思索劳动的意义，思考工作的目的。也许你会有这样的感慨——越是认真工作，这样的迷惑或许就越深。在面临看似无法解决的难题时，你可能会告诉自己："为什么要这么做？究竟为什么要干这项差事？"因为找不到这些问题的答案，你会陷入迷茫之中，那么，此时，你不妨记住，不要痴迷于捕捉编辑的远景的幻想中，全力以赴地为今天工作，并做到锲而不舍，你便会发现很多问题在无形中被解决。

相反，那些对奋斗目标用心不专、左右摇摆的人，对琐碎的工作总是寻找遁辞，懈怠逃避，他们注定是会失败的。如果我们把所从事的工作当作不可回避的事情来看待，我们就会带着轻松愉快的心情，迅速地将它完成。瑞典的查尔斯九世还年轻的时候，就对意志的力量抱有坚定的信念。每每遇到什么难办的事情，他总是摸着小儿子的头，大声说："应该让他去做，应该让他去做。"和其他习惯的形成一样，随着时间的流逝，勤勉用功的习惯也很容易养成。因此，即使是一个才华一般的人，只要他在某一特定的时间内，全身心地投入和不屈不挠地从事某一项工作，他也会取得巨大的成就。

外向心理启示

在对有价值目标的追求中，追求精益求精的态度是一切真正伟大品格的基础。它会让人有能力克服艰难险阻，完成单调乏味的工作，忍受其中琐碎而又枯燥的细节，从而使他顺利通过人生的每一驿站。

能屈能伸，外向者特有的"弹性"品质

我们都知道，外向者和内向者对待生活有着不同的态度，尤其是面

对困难和逆境，内向者在第一时间内就开始抱怨，而不是解决问题，这样的人很难成功。事实上，内向者缺乏的就是一种变通的能力，他们性格固执，不肯低头，然而，不懂得放下身段的人，在某些非常时刻，就会无路可走。而外向者则积极向上，努力寻找解决问题的方法，他们是一群有能力的人，也是一群自信的人。

有一位大学生，在校时成绩很好，大家对他的期望也很高，认为他将来必会取得一番了不起的成就。后来，他确实有所成就，但不是在政府机关或大公司里有成就，而是卖蚵仔面线卖出了成就。为什么会如此呢?

原来他毕业后不久，得知家乡附近的夜市有一个摊子要转让，他那时还没找到工作，就向家人借钱，把它兑了下来。因为他对烹饪很有兴趣，便自己当老板，卖起蚵仔面线来。他的大学生身份曾招来很多不以为然的眼光，却也为他招来不少生意。而他自己则从未对自己学非所用及高学低用怀疑过。

现在的他仍然在卖蚵仔面线，但也转投资，赚的钱比我们多了几十倍。“做事要放下身段。”这是那位大学生的口头禅和座右铭：“放下身段，路会越走越宽。”

那位大学生绝对是一位性格外向者，如果他不去卖蚵仔面线或许也会很有成就，但无论如何，他能放下大学生的身段，着实令人佩服。你不必学他去做类似的事情，但在必要的时候，应该有他那种做事的勇气。

然而，生活中，不少内向者都太把自己当回事了，他们总是自命清高，然而，我们最看重的那个自己，无论多么优秀，对于别人，可能是珠宝，也可能是一文不值的尘埃。有人说得好：“把自己当作泥土吧！老是把自己当作珍珠，就时时有被埋没的痛苦。”

我们知道，卡耐基在事业取得成就以后，收入相当丰厚，成了一位富翁。但是，他早年却经历了一段贫困潦倒的艰难岁月。有些时候，囊空如洗，不得不向人借钱渡过难关。

那么，卡耐基自己是如何向人开口借钱的呢？

卡耐基在读书时代，有一次交了学费之后，身上只剩下几毛钱。于是，他打算到外边工作赚取生活费。但是，他得先解决眼前的吃饭问题，他准备向同学借点钱。

“杰克，请借给我十美元吧。”他自自在在地说。

“戴尔，”杰克说，“真是对不起，这段时间我手头也不太宽裕，请原谅。”

双方都十分坦率，所以都不存在难为情的感觉。

“没关系，杰克。”卡耐基坦然地说，“我另想办法就行了。”

“戴尔，这样吧，”杰克又说，“汤姆好像有多的钱可以借，你不妨向他借借看吧。”“好的，谢谢你，杰克！”

当卡耐基遇到汤姆的时候，说：“汤姆，你能不能借给我十美元？”

“戴尔，”汤姆说，“真是抱歉。我本来可以有钱借给你的，不过今天正想买一辆自行车，也不知道买了之后能剩多少。”

“没关系，汤姆。”卡耐基大大方方地说。

“等我买了自行车后，如果剩下的钱还够借给你的话，我就给你吧。”

“好的，谢谢你，汤姆。”

下午，汤姆走进卡耐基的宿舍，说：“戴尔，我的钱还剩下很多，你借10美元够用吗？”

“够了，谢谢你！”卡耐基说。

汤姆主动表示说：“最好多一点方便些，借你15美元好了。”

“不用了，汤姆。”卡耐基婉言谢绝，“10美元就行了，谢谢你的好意，汤姆。”

就大多数人而言，伸手向人借钱似乎是一件难堪的事。这主要是因为人们大多存在一种心理：缺钱用是不体面的。于是很多人在向别人借钱时，都不好意思开口。对此，卡耐基说：“向人借钱应当直截了当地提出来，不必啰哩啰唆地解释这解释那的。对方愿意借的话，你不用多说他也会借给你；反之，你说得再多也是白费口舌。你直接提出借钱，对方不答应，你只要说声‘没关系’就行了，这并不会发生尴尬、下不了台之类的事；如果你先讲了一大堆借口，对方却依旧拒绝，这样反而使双方都可能陷于尴尬之中。”

其实，能不能直接、坦诚地借钱，也是能不能放下身段的问题。而在成功者眼里，职业没有高低贵贱之分，能否赚钱才是最主要的。

总之，一个人要想有所作为，首先要从转变思想、改变观念开始。如果本是穷人、新人还要“穷摆谱”，那么机会是不会主动光顾他的。而能放下身段、能屈能伸的人，他的思考富有高度的弹性，不会有刻板的观念，而能吸收各种信息，形成一个庞大而多样的信息库，这将是他的本钱。

外向心理启示

处于弱势，人虽然不能改变自己的“弱”，但却可以通示弱的方式来使自己处于有利位置。一些外向者总能发挥自己的优势，在遇到劲敌的时候，能够放下身段，适时选择示弱，从而成功保全自己。

自我调节能力强，外向者总能轻松生活

通常，我们认为，人只有健康和患病之分。世界卫生组织对健康下的定义是：“健康是一种身体、精神和交往上的完美状态而不只是身体无病。”新的医学研究也表明，人体健康与患病之间还存在着一个过渡的中间状态，即第三状态——亚健康状态。据此可得知，身体健康但精神和交往却存在问题，并非真正的健康，只有身心健康才是真正的健康。

现代社会，忙碌的人们似乎总在不断地与时间赛跑，高度紧张的神经让人们开始疲乏，甚至身心俱疲。然而，性格外向者却总能调节自我，他们对任何事都能看得开，能拿得起，放得下，而内向者则什么事都往坏处想，为此，他们总是承担着不得不承受的很多压力。也就是说，外向者比内向者承受压力的能力更强。面对工作和生活中的压力，内向者无限地放大它，而外向者则能理智面对，并积极寻求方法解决。

这天，刘英被领导训斥了，因为连续几个月以来，她的业绩一直上不去，领导把原因归结于刘英已经结婚，需要照顾丈夫和孩子，因而没有把全部精力投入到工作中。

回到家之后，刘英闷闷不乐，也不做饭，也不管孩子，就自己回房间睡了，丈夫看出了妻子的异常，便做好了饭，喊妻子出来吃饭。他敲开门进去，发现妻子哭了。

“出了什么事？”他关切地问。

“没事的。你先去吃饭吧。”

“工作上遇到不顺心的事情了吧？”

“还是你最了解我，我觉得压力很大，结婚后，领导对我的态度改变好大，好像我结婚就是个错误，我承认，我的业绩的确没有结婚前的好，但我每天还是在努力。我现在真想辞职了。”

“对不起，老婆，这么久以来，我忽视你的感受了，你得上班，还得照顾家里的老老小小，大小活都得你做，你承受了太大的压力。大家都说，男人压力大，其实，压力大的是女人。对了，你不是要年休了吗？我们去年就说要去秦皇岛玩一趟，一直没机会去，最近我也闲下来了，我们一起去吧，去散散心，回来整理好心情再上班，你看怎么样？”

“嗯，我看也行，谢谢你，老公……”

案例中的刘英想必是个性格外向者，她释放压力的方法值得很多人学习——倾诉、旅游。的确，生活中，可能有很多和刘英一样的人，他们不仅承受着来自家庭的压力，还有职场、人际关系、婚姻、孩子教育等诸多压力，感觉疲惫不堪。因此，如何让自己的心灵更纯净，释放压力就显得尤为重要。

每个人不同时期都存在不同的心理压力，对于外向者来说，他们会主动释放出来，主动讲给别人听，寻求排解。而内向者内心的苦痛不轻易示人，自己烦、闷、气，时间长了形成心结，心结多了就形成心理疾患。心扉不能向所有的人敞开，也不能不向任何人敞开。你的委屈、憋闷讲给你所信任的人听，他可以倾听，规劝开导你，有时可直接帮助你。哪怕你痛哭一场，你的心理压力也减轻了很多。此时一个痛苦变成了半个痛苦，或许就找到了解决问题的办法。

因此，如何让自己的心灵更纯净，释放压力就显得尤为重要，那么，我们该如何驱赶压力的阴霾呢？

1.不要故意给自己加压

不少人对社会、对家庭、对自己都有不同程度的不满，他们中有些人喜欢在压力中生活，在压力中挑战难题，这样便有一种惬意的满足。但不是每次都有好运气，压力多了会压得自己喘不过气来。久而久之，就会祸及自己的身心健康。

2.学会宣泄

如果你希望你的健康要达到身体上、精神上和社会上的契合状态，如果心理压力过大，可以采取以下几种方式宣泄：

①倾诉。当你心中积满苦闷、烦恼、抑郁等不良情绪无法疏散时，可以向父母、同事、知心朋友尽情倾诉，发发牢骚，吐吐委屈。这样使消极情绪发泄出来，精神就会放松，心中的不平之事也会渐渐消除。

②想哭就哭。医学心理学家认为，哭能缓解压力。心理学家曾给一些成年人测验血压，然后按正常血压和高血压编成两组，分别询问他们是否哭泣过，结果87%血压正常的人都说他们偶尔有过哭泣，而那些高血压患者却大多数回答说从不流泪。由此看来，让人类情感抒发出来比深深埋在心里有益得多。

3.忙里偷闲，放松心情

一定要转变事事追求完美的心态。当你意识到自己要放松，但无论如何都做不到、浑身紧张的时候，就应该学着忙里偷闲放松心情，给自己制造一个放松的空间。

总之，我们要向外向者学习，要正确地对待心理健康，做自己心理健康的保健医生。懂得调节情绪的人总能为自己的心灵松绑，只有心理健康才是真正的健康。如果没有健康的身心，一切都是徒劳，健康是一切的基础。

外向心理启示

我们每个人，无论是工作还是生活，都不要给自己太大的压力，如果你能懂得自我情绪调节，那么，即使你依旧要面对很多的挑战，你也能自信、从容地生活、工作。

外向者思路活，有创新才有突破

我们已经对性格内向者和外向者的性格特征进行了分析，不难发现，性格外向者比内向者的思路更灵活。内向者更适合按部就班地执行工作，而外向者则有更多的点子，通常来说，在很多领域，真正有所成就的都是那些懂得创新的外向者。这一点，值得很多内向者学习。而对于外向者自身来说，你可以发挥自己的这一性格优势，在生活和工作中培养自己的创新思维，这样，你必定能实现突破、有所成就。

有人说，在这个世界上，没有不可能的事情，只要你思路开阔，当今社会，创新的重要性早已不容分说。其实每个人都有自己的创新意识，有的时候只是处于隐蔽状态，未曾开发出来而已。因此，外向者只要敢于突破常规、敢想敢干，一样能够突破自我。

在《福布斯》排行榜上，盖茨1995—2007年蝉联世界首富！2008年排名世界第三，2009年又一次成为世界首富！2010年以微弱劣势降至世界第二。2011年9月，比尔·盖茨身家登上2011年《福布斯》“400位最富有美国人排行榜”榜首，这已经是他连续18年名列榜首！2012年美国《福布斯》网站发布全美富豪排行榜，软件巨头微软公司创始人之一比尔·盖茨连续19年领跑，净资产660亿美元。

他是一个天才，13岁开始编程，并预言自己将在25岁成为百万富翁；他是一个商业奇才，独特的眼光使他总能准确看到IT业的未来，独特的管理手段，使得不断壮大的微软能够保持活力；他的财富更是一个神话，39岁便成为世界首富，并连续13年登上《福布斯》榜首的位置，这个神话就像夜空中耀眼的烟花，刺痛了亿万人的眼睛。他是微软公司主席和首席软件设计师。微软公司是为个人计算机和商业计算机提供软件、服务和Internet技术的世界范围内的领导者。截止到2008年，微软公司收入近620亿美元，在78个国家与地区的雇员总数超过了91000人。

比尔·盖茨生于1955年10月28日，盖茨曾就读于在西雅图的公立小学和私立的湖滨中学，在那里他发现了自己在软件方面的兴趣并且在13岁时开始了计算机编程。高中毕业时，获得美国高中毕业生的最高荣誉“美国优秀学生奖学金”。

1973年，盖茨考进了哈佛大学。在哈佛的时候，盖茨和史蒂夫·鲍尔默为第一台微型计算机——MITS Altair开发了BASIC编程语言的一个版本。

在盖茨以前，几乎所有人都认为只有硬件才能赚钱，比尔·盖茨是第一个看到软件前景的商人，而且“以软制硬”，把其软件系统应用到所有的行业或公司。微软开发的电脑软件的普遍使用，改变了资讯科技世界，也改变了人类的工作和生活方式。人们把盖茨称为“对本世纪影响最大的商界领袖”，一点也不过分。现在，传统经济已让位于创造性经济。美国统计表明，去年年底，只有31万名员工的微软公司，市场资本总额高达6000亿美元。麦当劳公司的员工为微软的10倍，但它的市场资本总额仅为微软的1/10。尽管21世纪依然有汉堡包的市场，但其影响和威望，远不能同微软相比。

微软还是第一家提供股票选择权给所有员工作为报酬的公司。结果，创造了无数百万富翁甚至亿万富翁，也巩固了员工的忠诚度，减少了员工的流动。这一方法被别的企业竞相采用后取得了巨大的成功。

微软处处领先，盖茨能成为世界首富，靠的是什么，就是创新。要最大限度地发挥人的潜能，就不要受制于自缚手脚的想法。成功者相信梦想，也欣赏清晰、简单但很有创意的好主意。

那么，外向者该怎样发挥自己思路活的优势呢?

1.打破现有的安逸假象

一个人不愿改变自己，往往是舍不得放弃目前的安逸状况。而当你发觉不改变不行的时候，你已经失去了很多宝贵的机会。所以，聪明的人总会主动打破现有的安逸假象，努力改变自己、更新自己，迎接新的开始。

2.在心理上超越“不可能”的思想观念

你对“不可能”不妨采取一种新看法，在心理上超越它，这样你就能站在高高的位置上，低头俯视你的问题。任何人想要解决问题，必须在他的思想中超越问题，这样，问题就不会显得如此令人畏惧。而且他会产生更大的信心，深信自己有能力去解决它。

3.丰富自己的知识结构以开阔视野

可以说，视野是否开阔，是衡量人的综合素质的重要标尺。一个人视野开阔与否，取决于其对知识掌握多少，取决于其思想理论水平的高低。常言道，学然后知不足。勤于学习的人，越学越能发现自己的不足，于是想方设法充实自己、提高自己，学到更多的东西，视野会随之越来越开阔，跟上前进的步伐。

总之，对于渴望成功的外向者，你要记住的是，只有创新才能带来财富，有创意才会有生意，只要你敢于创新，你就会与众不同。

外向心理启示

每个人都渴望成功，但成功者往往是少数。这些少数人的与众不同之处是，他们的思维不受各种条件的限制，他们敢想敢做，在规划后，一鼓作气取得胜利。外向者具有思路灵活的优势，也应该培养自己的创新意识和创新能力，进而让自己有所突破。

[第4章]

外向者的性格心理测试

在日常生活中，我们在一些书籍或者网页上看到某种测试，以此来检验自己的某些方面，比如个性、心理等，其实，我们的性格类型也能通过心理测试来自检，因为无论是外向者还是内向者，都有典型的心理特征，也就有某些心理和行为习惯等，从这一方面入手，能帮助人们更清楚地看清自己、查看自己个性中的优缺点，进而查缺补漏、完善自身。

测测你的性格类型：内向还是外向

在心理学上，关于“性格”的研究由来已久，关于“性格”一词，奥地利精神病学家、现代自我心理学之父阿德勒将其定义为：一个人尝试去适应他所居住的环境，因而显现出来的特殊作风。性格特点是一个人的整体人格在获取认同及意义时，所使用的工具和计策，其在人格中的存在就等于生活“技巧”。性格特点并非遗传，它们好比是一种生存模式，使人能够不经过有意识的思考而过活，在任何情况下表现其人格。

我们都知道，性格有内向和外向之分，人们也希望对自己进行性格剖析，通过了解自己的性格类型来完善自我，进行查缺补漏，然而，我们该如何了解自己的性格类型呢？对此，我们可以先做一些性格测试题。

性格测试是对人性格倾向的一种判断，一般多用于职业性格测试。人的性格倾向，就像分别使用自己的两只手写字一样，都可以写出来，但惯用的那只写出的会比另一只更好。下列问题可用于测定你的个性是偏向于外向还是倾向于内向。请对每个问题作出“是”或者“否”的回答。

1.通常情况下，你对自己的身体状况感觉如何，是健康的吗？

A.是　　　　B.否

2.你即将要参加一个生日宴会，在宴会上，你认为要将自己介绍给陌生人是一件容易的事情吗？

A.是　　　　B.否

3.在工作中，你认为你自己是埋头苦干的人吗？

A.是　　　　B.否

4.对于金钱，你一直比较细心和仔细吗？

A.是　　　　B.否

5.和朋友、家人、同事在一起时，你喜欢搞恶作剧吗？

A.是　　　　B.否

6.听音乐的时候，你更喜欢那些低沉、节奏慢、能触动心灵的音乐而不是那些金属、摇滚或者激烈、容易让人翩翩起舞的音乐，是吗？

A.是　　　　B.否

7.您觉得生活就是“做一天和尚撞一天钟”吗？

A.是　　　　B.否

8.你喜欢在公共场合娱乐和玩耍吗？

A.是　　　　B.否

9.与人打交道，你常常担心会被人愚弄吗？

A.是　　　　B.否

10.下班后，你更喜欢待在家里而不是呼朋唤友吗？

A.是　　　　B.否

11.如果让你在两种乐器中选择，你更喜欢笛子而不是唢呐，是吗？

A.是　　　　　　B.否

12.在做事前，你总是深思熟虑吗？

A.是　　　　　　B.否

13.你有时打断别人讲话、抢过话题吗？

A.是　　　　　　B.否

14.观看体育比赛时，你是不是容易激动？

A.是　　　　　　B.否

15.路上，你是否经常抱怨路过的人骑车不注意、冒失呢？

A.是　　　　　　B.否

16.不管你的时间是否充裕，你总是匆匆忙忙的吗？

A.是　　　　　　B.否

17.你觉得你是个做事拖拉的人吗？

A.是　　　　　　B.否

18.与并不十分熟悉的人一起相处，你是不是总是在观察对方，甚至顾虑对方的感受、十分在意对方的脸色呢？

A.是　　　　　　B.否

19.当你觉得压力大、心情烦躁的时候，你会向你的朋友倾吐烦恼吗？

A.是　　　　　　B.否

20.你认为你是个珍惜现在、充实过好每一天的人吗？

A.是　　　　　　B.否

21.当你出差或者旅行，必须要去坐火车或者乘飞机，你更担心可能在路上出现的某种交通堵塞，而不是什么都不想、享受旅行，是吗？

A.是　　　　　　B.否

22.度假时，你更喜欢那些喧闹、人多的场所，而不是那些宁静的乡村，是吗？

A.是　　　　　　B.否

23.相对于打电话、网络聊天这类现代交流方式，你更喜欢写信，是吗？

A.是　　　　B.否

24.你认为你自己比大多数人都更沉默寡言，胆小害羞吗？

A.是　　　　B.否

25.这天，你突然接到一份邀请函，邀请你马上去参加某个宴会，你认为你能在最短的时间内穿戴和化妆完毕吗？

A.是　　　　B.否

26.你认为人具有自我保卫的本能，是吗？

A.是　　　　B.否

27.学习和工作中，你能高度地集中精力吗？

A.是　　　　B.否

28.好不容易到了周末，你有过一整上午都不起床的想法，是吗？

A.是　　　　B.否

29.你的朋友里，有没有人说你从来都不知道善待自己、不注意休息的？

A.是　　　　B.否

30.你认为你在深思熟虑和权衡利弊后才会作出决定，是吗？

A.是　　　　B.否

评分标准：

答案是为1分，否为0分。

测试结果：

0～10分，你是个性格外向者，你有着外向者的典型特征，比如思维开放、性格开朗、为人热情和大方，喜欢热闹的场所，爱说笑等，你的人际关系非常好，但如果你能改掉马虎大意、懒惰、易冲动的这些毛病，相信你能变得更优秀。

11～20分，你的性格中，内向者和外向者的个性特征一半一半，每个方面都有，但都不明显，这样的你能做到凡事权衡、不羞涩不张扬、沉稳内敛也不失热情，你总能让别人信任、产生安全感。

21～30分，你是典型的性格内向者，你凡事深思熟虑，喜欢独处和思考，你不喜欢置身于人群中，你是别人眼中的思考者，但大家却并不很喜欢与你打交道，你知道原因吗？因为你封闭内心！尝试着唤醒自己交往的热情吧，其实，人群中一样快乐。当然，你自身也充满魅力，你的博学、哲思、沉稳，让你周身散发着无尽的魅力！

那么，你的性格是怎样的？也许答案就在这些性格测试中。

外向心理启示

不同性格的人在生活中都有不同的心理和行为，从这些表象特征入手，我们就能判断一个人的性格类型，为此，你不妨让性格测试帮助你进一步了解自己和他人吧！

从情绪看性格：你是理智型还是冲动型

情绪是一种生理应激反应，是人在受到外界事物刺激后的复杂心理变化。中国古代有诗歌这样描述：“月有阴晴月缺，人有悲欢离合。此事古难全。”就是说自然界事物有变化，我们的内心世界也有起伏，月亮不会一直圆满，我们的情绪也不会一直良好。

我们日常生活中的活动，在多大程度上受理智的控制，又在多大程度上受情绪的支配？在这方面，人与人之间存在着很大的差异，这里面人的性格起到了很大的作用，不得不说，外向者更易冲动，而内向者则相对沉稳，从这个角度看，我们可以将人分为三个类型：

理智型（内向者）：很少因什么事而激动，表现出很强的克制力甚至冷漠；对他人的情绪缺乏反应，感情生活平淡而拘谨，因此常会听到别人在背后说你是“冷血动物”。你需要放松自己。

平衡型：情绪基本保持在有感情但不感情用事、克制但不过于冷漠的状态；即使在很恶劣的情绪下握起拳头，也仍能从冲动情绪中摆脱出来，因此，很少与人争吵；感情生活十分愉快、轻松。

冲动型（外向者）：非常情绪化，易激动，反应强烈；往往十分随和、热情，或者感情脆弱、多愁善感；可能常会陷入那种短暂的风暴似的感情纠纷中，因此，麻烦百出；别人若想劝你冷静，是件很难的事。这里有必要提醒你，一定要克制自己。

我们只有认清自己情绪的类型，发挥理性的控制，才能实现情绪反应与表现的均衡适度，确保情绪与环境相适应。

那么，我们该如何认识自己的情绪类型呢？ 我们先来做一套测试题：

1.你从柜子里拿出昨天刚买的新衣服，再看看，你觉得它怎样？

a.觉得不称心　　b.觉得很好　　c.觉得可以

2.你是否曾经想过若干年后会发生一些不安的事？

a.经常想到　　b.从来没想到　　c.偶尔想到

3.你的同事、朋友或者同学是否拿你开涮过？

a.这是常有的事　　b.从来没有　　c.偶尔有过

4.你已经准备上班去了，但出门前，你是否会担心门没锁好，窗户是否关好等？

a.经常如此　　b.从不如此　　c.偶尔如此

5.对于你和你最亲密的人的关系，你满意吗？

a.不满意　　b.非常满意　　c.基本满意

6.半夜醒来，你经常会有害怕的感觉吗？

a.经常　　b.从来没有　　c.极少有这种情况

7.你会经常做噩梦然后惊醒吗？

a.经常　　b.从没有　　c.极不

8.你是否曾经有多次做同一个梦的情况？

a.有　　b.没有　　c.记不清

9.有没有一种食物使你吃后呕吐？

a.有　　b.没有　　c.偶尔有

10.除去看见的世界外，你心里有没有另外一种世界？

a.有　　b.没有　　c.说不清

11.你心里是否时常觉得你不是现在的父母所生？

a.时常　　b.没有　　c.偶尔有

12.你是否曾经觉得有一个人爱你或尊重你？

a.是　　b.否　　c.说不清

13.你是否常常觉得你的家庭对你不好，但是你又确知他们的确对你好？

a.是　　b.否　　c.偶尔

14.你是否觉得好像没有人理解你？

a.是　　b.否　　c.说不清楚

15.早晨起床时，你最经常的感觉是什么？

a.秋雨霏霏或枯叶遍地　　b.秋高气爽或艳阳天　　c.不清楚

16.你在高处的时候，是否觉得站不稳？

a.是　　b.否　　c.有时是这样

17.你平时是否觉得自己很强健？

a.否　　b.是　　c.不清楚

18.你是否习惯了一回家就把房门关上？

a.是　　b.否　　c.不清楚

19.你坐在小房间里把门关上后，是否觉得心里不安？

a.是　　b.否　　c.偶尔是

20.当一件事需要你作出决定时，你是否觉得很难？

a.是　　b.否　　c.偶尔是

21. 你是否常常用抛硬币、玩纸牌、抽签之类的游戏来测凶吉？

a.是　　b.否　　c.偶尔

22.你是否常常因为碰到东西而跌倒？

a.是　　b.否　　c.偶尔

23.你是否需用一个多小时才能入睡，或醒得比你希望的早一个小时？

a.经常这样　　b.从不这样　　c.偶尔这样

24.你是否曾看到、听到或感觉到别人觉察不到的东西？

a.经常这样　　b.从不这样　　c.偶尔这样

25.你是否觉得自己有某种超能力？

a.是　　b.否　　c.不清楚

26.你是否曾经觉得因有人跟你走而心里不安？

a.是　　b.否　　c.不清楚

27.你是否觉得有人在注意你的言行？

a.是　　b.否　　c.不清楚

28.当你一个人走夜路时，你是否觉得后面有人跟踪？

a.是　　b.否　　c.不清楚

29.听到有人自杀了，你有什么想法？

a.可以理解　　b.不可思议　　c.不清楚

评分标准：

选 a得2分，选b得0分，选c得1分。请将你的得分统计一下，算出总分 。得分越少，说明你的情绪越佳，反之越差。

测试结果：

0～20分，表明你情绪基本稳定，自信心强，具有较强的美感、道德感和理智感。你有一定的社会活动能力，能理解周围人们的心情，顾全大局。你一定是个性情爽朗、受人欢迎的人。

21～40分，说明你情绪基本稳定，但较为深沉，对事情的考虑过于冷静，处事淡漠消极，不善于发挥自己的个性。你的自信心受到压抑，办事热情忽高忽低，瞻前顾后，踌躇不前。

41分以上，说明你的情绪极不稳定，日常烦恼太多，使自己的心情处于紧张和矛盾中。如果你得分在50分以上，则是一种危险信号，你务必请心理医生进一步诊断。

外向心理启示

我们每个人都应该了解自己的情绪是否稳定，进而了解自己的性格类型，如果你的情绪不稳定，那么，最好学会放松或控制，最终达到平衡型情绪的目标。无论是放松还是控制，都是让情绪向更有利于我们的方向发展。

自大还是谦逊：你是个受人欢迎的外向者吗

1.下班回家的路上，你遇到了邻居家阿姨，你会怎么办？

A.主动和她打招呼

B.对她笑一笑

C.低着头、绕道走过去

2.吃饭的时候，你会等长辈们都坐了才开始吃吗？

A.当然，我从小就有这种习惯

B.看心情，心情不好的时候，自己就吃自己的

C.管那么多做什么，麻不麻烦

3.工作中，你发现了一个自己不懂的问题，你会问其他人或领导吗？

A.可能会，也可能去自己学习

B.会，因为前辈或者领导的经验比我丰富

C.当然不会，这多没面子

4.午休期间，你买回来很多零食，你会让其他同事先吃吗？

A.心情好的话，会让他们先吃

B.会，平时什么事也尽量让着我

C.不会，他们会跟我抢的

5.如果你的同事谈起他获得成就或得到荣誉的经历，你通常会……

A.表现出兴趣并提出问题

B.不说什么，但用自己的形体语言传达一种信息：他的经历没有什么了不起

C.打断他的话，用自己更令人钦佩的经历使之相形见绌

6.你正在做某件事，这时候领导来了，你通常会……

A.极力好好表现，即使这意味着贪他人之功

B.一有机会就提及为公司所做的工作

C. 指出他人的贡献，同时让自己的行动说话

7.当你的朋友在你希望擅长的领域里取得某种成就时，你通常会……

A.对他表示祝贺，并确保其他人都知道他的成就

B.对他的成绩视而不见

C.对他的成就挑毛病，然后努力把大家的注意力转向我自己

8.你讨厌的某个同事这次工作表现很差，你会……

A.向别人漠然地提及这次失败

B.寻找机会对他给予肯定

C.考虑他的失败可如何让我受益

9.当你意识到自己的一个弱点和缺陷时，你通常会……

A.根本不想它

B.采取行动后改正该弱点

C.想想可能是谁造成了这一弱点

10.在这个月的绩效考核中，你是第一名，下班回家后，你会怎么样？

A.把成绩给家人看，告诉他们下次会更努力

B.走进房间，好好想想自己以前的工作成果，看看自己哪里进步了，哪里退步了

C.手舞足蹈地炫耀一番

11.如果你是个学生，你的某个邻居大哥哥考上了一所名牌大学，你会怎么想？

A.肯定是走运呗，平时成绩又不好

B.应该去讨教一二，取点经回来

C.管他呢，我到时候肯定也行

12.每次买完东西付账后，你会对收银员说“谢谢”吗？

A.每次都说，已经成一种习惯了

B.才不说呢，我们买东西是对他们生意的光顾

C.心情好的时候会说

13.你经常向同事请教问题吗？

A.从不问，太没面子了

B.经常问，他能力比我强大

C.偶尔问

14.当你被领导训斥后，你会怎么想？

A.领导是希望我进步，我应该珍惜修改

B.丢死人了，明天我肯定成为同事们嘲笑的对象了

C.赶紧训斥完让我回家吧，不早了

15.楼道口，你和某个同事发生了身体的碰撞，你会怎么做？

A.狠狠地再撞他一下

B.算了，他也不是故意的

C.狠狠地瞪他一眼，然后说：“没长眼啊。”

评分标准：

（1）A3；B2；C1　（2）A3；B2；C1　（3）A2；B3；C1

（4）A2；B3；C1　（5）A3；B1；C2　（6）A1；B2；C3

（7）A3；B2；C1　（8）A2；B3；C1　（9）A1；B3；C2

（10）A2；B3；C1　（11）A1；B3；C2　（12）A3；B1；C2

（13）A1；B3；C2　（14）A3；B1；C2　（15）A1；B3；C2

测试结果：

36～45分，谦逊型。你是个为人和善、谦逊的外向者，想必你应该在公交车上为老人、孕妇让座，应该经常会和邻居、老师打招呼，尽管你可能是个学习成绩不是很好、长相不是很出众的人，但你身边绝对会有很多朋友，他们愿意和你交往，因此他们总能感受到你积极的能量。请继续发扬你这美好的性格吧，相信它会帮助你走向更辉煌的人生！

26～35分，自我型。你对周围的世界有一点冷漠，似乎无论发生什么，都不能激起你的兴趣和热情，他人是否取得成绩，是否心情不好好像都与你无关，你只关心自己的事情，比如明天穿什么衣服，你总是那么高傲，让人不敢亲近，可能你身边的同事、朋友已经把你当成了“空气”，而其实，你是渴望和他们打成一片的。那么，你就不妨改变一下自己的性格，主动去感受他人的喜怒哀乐，放下你的架子，真心恭喜他人，当你变得谦逊的时候，你周围就一定会出现更多的朋友的。

15～25分，自大型。可能你的确学习成绩很好、有很好的家庭环境或者长相出众，再或者是能力超群，但这都不应该成为你自负的理由，你是否有所发现，有时候，当同事、朋友们在聊一个话题、而你出现时，他们总是不欢而散，为什么呢？因为他们不喜欢被扫兴，不喜欢别人否定、被人踩在脚底下。你是不是很久没有交到新朋友了？你是不是不知道除了学习或工作之外，还有什么乐趣？你家人的朋友、同学是不是一看见你在家就不愿意进来玩……如果是这样，你就应该反省一下，你到底哪里需要改正？改变你自负的性格，你才可能真正看到自己的不足，才能不断进步，才能交到朋友！

外向心理启示

外向者的典型特征之一是与人为善，希望从外界获得认同感，然而，以自我为中心也是不少外向者的通病，为此，你有必要做一下自我检测，看看自己在哪些方面需要修正，通过查缺补漏来完善自己！

测一测你的自制力：做个有自控力的外向者

大哲学家苏格拉底曾说："想左右天下的人，须先能左右自己。"苏格拉底这句话是要告诉每一个外向者，战胜了自我，就战胜了与自我对立的一切。苏格拉底本身就是一个自制力很强的人。一年到头，他只有一件单衣，对于食物，他也以食素为主。他认为，一个人，如果不控制自己对物质的欲望，那么，他的心灵就会被侵蚀，甚至会逐步失去自我。

苏格拉底的学生柏拉图也曾提出一个观点："自制是一种秩序，一种对于快乐与欲望的控制。"这句话道明了自制的本质。哲学家尼采也说：每天克制一件小事，做自己行为的主人。自律是一种心态。如果我们懂得自制，就能时常反省自己，让自己始终拥有不断进取的动力。

的确，那些成大事者，都有"动心忍性"的自制力，使其能守得云开见月明，走出逆境。自制就是自我管理、自我控制；自律就是战胜自我、超越自我。金无足赤，人无完人，人最大的敌人是自己。只有能够战胜自我的人，才是真正的强者。

美国著名的心理学家米卡尔曾经做过一个著名的"糖果实验"。

实验的对象是一群4岁的孩子。米卡尔将他们留在一个房间里，然后发给他们每人一颗糖，告诉他们："你们可以马上吃掉软糖，但如果谁能坚持到我回来的时候再吃，就能得到两块软糖。" 他离开后，大概有百分之三十的孩子因为经受不住糖的诱惑而吃掉了糖；有一部分孩子一再犹豫，等待，但还是禁不住诱惑，将糖塞进了嘴里吃了；而另外一部分孩子却通过做游戏、讲故事甚至假装睡觉等方法抵制诱惑，坚持了下来。20分钟后，实验者回到房间，坚持到最后的孩子又得到了一块软糖。

实验者跟踪研究了14年后，发现前后两种孩子的差异非常显著。坚持下来、自制能力强的孩子社会适应力较强，较为自信，人际关系也较好，也较能面对挫折，会积极迎接挑战，不轻言放弃。相反，那些自控力差的孩子怯于与人接触，优柔寡断，容易因挫折而丧失斗志，经常否定自己，遇到压力容易退缩或不知所措，更容易嫉妒别人，更爱计较，更易发怒且常与人争斗。这些孩子在中学毕业时又接受了一次评估，结果表明，4岁时能够耐心等待的孩子在校表现更为优异，他们学习能力较好，无论是语言表达、逻辑推理、集中精力、制订并实践计划、学习动机等都比较好。更让人意外的是，这些孩子的入学考试成绩普遍较高；而最迫不及待吃掉糖果的那三成孩子，成绩则最差。

由此可见，一个人要想成功，跟他能不能自控有着非常紧密的联系。古往今来，凡是成功人士，他们往往具有一个共性特质：善于自律，以达到某种目标。如儿童时期的德国音乐家巴赫多次徒步行走90多里路，就是为了去汉堡听一位管风琴大师的演奏，这么长时间的坚持，除了他对音乐的热爱以外，便是他的自控力支撑着他；越王勾践卧薪尝胆的故事相信大家都听过，他能够一雪前耻灭掉吴国，除了他心中强烈的复仇意愿之外还有他令人钦佩的自控力。

外向者要记住，当面对诱惑时，最有力的支持来自于你自己，内心坚定的自制力是抵御引诱的有力武器，它使人从无能为力的受迷惑状态中解脱出来，恢复控制自我的能力，重新做自己的主宰。下面的问卷，可以测试你抵制诱惑的能力。

1.“这是最后一次了”是你常用的口头禅。

A.是　　　　B.否

2.你经常做出令自己后悔的事。

A.是　　　　B.否

3.你总是不等到月底就花完这个月的零花钱。

A.是　　　　B.否

4.你是个很好说话的人，说服你不是什么难事。

A.是　　　　B.否

5.你经常不能完成自己制定的学习目标。

A.是　　　　　　B.否

6.你时常陷入接二连三的麻烦中。

A.是　　　　　　B.否

7.你时常去幻想那些不切实际的事，并深深地沉溺其中。

A.是　　　　　　B.否

8.你经常赖床。

A.是　　　　　　B.否

9.你的保证与诺言已不太被相信了。

A.是　　　　　　B.否

10.你每次到超市购物都超出原来的购买预算。

A.是　　　　　　B.否

评分标准：

答选“A”记1分，选“B”记0分，10道题的得分相加算出总分。

测试结果：

0～3分，抵制诱惑的能力较强，这些人具有相当顽强的自制力，能够有效地控制和调节自己的能力，他们的理智常常占上风，对“我想做”与“应该做”的关系把握得很清楚，能够完成一些自我要求，从而对未来的新计划充满信心，但需要注意的是不要对自己过于苛刻。

4～10分，容易向诱惑屈服，他们的设想和计划常常不能实现。

外向心理启示

在外向者的性格缺点中，其中重要的一条就是缺乏自制力。外向者不但要了解这一点，还要致力于性格缺点的调整。

冷静还是冲动：你是一个理智的外向者吗

我们都知道，每个外向者最不缺乏的就是勇气，不少外向者也是因为敢想敢做而能在当今社会闯出自己的一片天。内向者确实应该在日常生活中锻炼自己的勇气，才能做到不畏惧风雨，不怕挫折，不惧坎坷。但勇敢不等于鲁莽，不等于粗野，它是一种骨气，是一种真正的浩然正气。因此，你不仅需要勇气，还需要智谋，还要有高思维的头脑，审时度势，运筹帷幄，要表现出大将风范。临事之时，从容不迫，面不改色。

生活中，我们经常会发现有这样两种人；第一种是埋头苦干，但始终不见成效的人；第二种则能轻松地完成任务，赢得荣耀。即使是同一项任务，后者也可以不费吹灰之力，而前者还没有开始就时不时出现这样或那样的问题。其中的关键，就在于后者用大脑在做事，想方设法去解决问题。只有主动想办法解决困难、问题的人，才能成为任何公司和单位中最受欢迎的人。

那么，你是做事理智、冷静的外向者吗？不妨先来做个自我检测吧：

假设你被关进了一个黑暗、与外界完全隔绝的房间里，最先让你感到恐惧的是什么？

A.因为完全与外界隔绝，室内空气会越来越少，迟早会因为无法呼吸而致死。

B.房间里没有食物、没有水，该怎么办？

C.黑漆漆的房间，会不会有鬼出现？

D.上厕所难道要在室内解决？

A：你是个率真、简单、善良但又感情丰富的人，在他人眼里，你是个好人，对待朋友，你可以为其两肋插刀；对待爱人，你付出了所有；对待亲人，你关怀备至。并且，只要你认为对的事，你都会全力以赴，因此，能成为你的亲人、朋友、爱人，他们会很幸福；然而，你也有一些缺点，那就是太单纯了，容易感情用事，在与人交往中，不知道防人之心不可无，于是，你常常被他人骗，甚至对你产生致命性影响，因此，你需要记住，人可以单纯，但要懂得保护自己。

B：你虽然也是个重感情的人，但你却比第一类人更加理智。因此，无论是为人处世还是学习、工作，你的判断常常都是八九不离十，因为，你往往也都能做到事半功倍。

C：你是个谨慎的人，在你看来，凡事都要思虑再三再行动才能稳操胜券，因此，在外人眼里，你显得有点胆小、势力，你为此也很苦恼，但你大可不必为此担心，这其实是你的优点，你的谨慎与理智让你少走了很多弯路。另外，感情上，你更能给异性带来安全感，但你也需要注意，别为了你的某些“原则”，而把人际关系搞得太僵。

D：可能在外人看来，你是个不大“靠谱”的人，无论是你的理智还是你的情感，你都表现出“说风就是雨”的状态，你太情绪化了，脾气很差，原本可以坐下来好好商谈的事，你却完全靠感情用事，一般而言，你会给异性朋友以难以相处的感觉，因此，你需要注意的是，无论做什么事前，都应该多思考后果。

当然，外向者要想成为一个冷静和理智的人，你需要做到凡事不可急躁。每天给自己制定一个强于昨天的目标，只要达到就是成功，这样会在不知不觉中提高。以下一些建议可供参考：

1.做事情要先思考，后行动

要想把事情做到最好，你心中必须有一个很高的标准，不能是一般的标准。在决定事情之前，要进行周密的调查论证，广泛征求意见，尽量把可能发生的情况考虑进去，尽可能避免出现1%的漏洞，直至达到预期效果。

如出门旅行，要先确定目的地与路线；上台演讲，应先准备演讲稿。在做事之前，你可以经常问自己这样一些问题：“为什么做？做这个吗？希望得到什么结果？最好怎样做？”并要具体回答，写在纸上，使目的明确，言行、手段具体化。

2.做事情要有始有终

不焦躁，不虚浮，踏踏实实做每一件事，一次做不成的事情就一点一点分开做，积少成多，积沙成塔，累积到最后即可达到目标。

3.稳定情绪

用合理发泄、注意力转移、迁移环境等方法，把将要引发冲动的情绪宣泄和释放出来，保持情绪稳定，避免冲动。

4.要强化自我意识

遇事要沉着冷静，自己开动脑筋，排除外界干扰或暗示，学会自主决断。要彻底摆脱那种依赖别人的心理，克服自卑，培养自信心和独立性。

5.有针对性的“磨炼”

你可以采取一些措施，有针对性地“磨炼”自己的浮躁心理，如练习书法，学习绘画，弹琴，解乱绳结，下棋等，有助于培养自己的耐心和韧性。

外向心理启示

相对于性格内向者而言，外向者在遇事时更易急躁、自乱阵脚，每一个外向者都要努力克服这一缺点，每遇困境或身临危急之时，都要学会自己指挥自己，进而找到解决问题的办法。

你是乐观的外向者还是悲观的内向者

我们都知道，人生短短数十载，困难和挫折都在所难免，我们不能预知未来，但我们可以以一颗坦然的心面对现在。只要做到积极乐观、永不绝望，就一定能渡过逆境。

在性格分类中，我们发现，外向者积极乐观，性格更有韧性，而内向者则更易悲观失望。作为内向者要努力在日常生活中培养自己乐观的精神，无论遇到什么事，都不要忧郁沮丧，无论你有多么痛苦，都不要整天沉溺于其中无法自拔，不要让痛苦占据你的心灵。

心理学的研究发现，一个人若是对自己持正面的看法，对未来有乐观的态度，那么，他这辈子不会离幸福太远。

有一个正在上初中的男孩，有一天，老师当着全班同学的面批评他历史考试成绩太糟糕。回家后，妈妈想安慰他，但没想到小男孩这么说的："幸好老师批评的是我最烂的一门科目，如果我最好的一门科目还被他批评，那我不就更惨了。"

这个小男孩的这种思维就是正面的、积极的思维，有这样的正面思维能力，就是乐观特质的精彩展现。

那么，你是个乐观主义者还是悲观主义者？你透过亮丽或灰暗的镜子来看待人生吗？接下来，你可以做个自我检测：

1.半夜，你睡得正香，此时，你听到有人敲门，你是否担心有坏事发生？

A.是　　　　B.否

2.出门时，你习惯带上雨伞吗？

A.是　　　　B.否

3.你跟人打过赌吗？

A.是　　　　B.否

4.你是否曾经做过因为中彩票而获大奖或者捡到一笔钱这样的梦？

A.是　　　　B.否

5.与朋友参加体育活动，你会带上创可贴以防止意外吗？

A.是　　　　B.否

6.如果你得到了一笔钱，你会用来买保险吗？

A.是　　　　B.否

7.与家人出门旅游，你曾经没预定旅馆就出门了吗？

A.是　　　　　　B.否

8.在你看来，你周围的朋友大部分都是诚实的吗？

A.是　　　　　　B.否

9.假若你要出门几天，你拜托你的邻居替你保管钥匙，那么，在这之前，你会将家里的银行卡、存折或者贵重物品先锁好吗？

A.是　　　　　　B.否

10.对于新的计划，你总是非常热衷吗？

A.是　　　　　　B.否

11.你的朋友向你借钱，他表示过几天就还，你会借吗？

A.是　　　　　　B.否

12.朋友们决定去春游，但早上起来你发现下雨了，你还会去吗？

A.是　　　　　　B.否

13.你是个容易相信别人的人吗？

A.是　　　　　　B.否

14.假如明天你需要参加一个重要的场合，在出门前，你会因为担心塞车而提前出发吗？

A.是　　　　　　B.否

15.假如医生建议你做一次全面的检查，你会担心自己得了某种疾病吗？

A.是　　　　　　B.否

16.每天早晨起床时，你的心情是好是坏？

A.是　　　　　　B.否

17.某天，你收到了一个意外的邮件，你高兴吗？

A.是　　　　　　B.否

18.对于你的零花钱，你会做好计划吗？

A.是　　　　　　B.否

19.上飞机前，你会买旅行保险吗？

A.是　　　　　　B.否

20.对于你的人生，你充满希望吗？

A.是　　　　　　B.否

评分标准：

选择“是”，记1分，选择“否”，不记分。

测试结果：

15～20分，你是个标准的乐观主义者。对于人生，你总是积极乐观的，在你看来，我们要将每一天都过得快乐，你也总能将自己的快乐传达给周围的人，他们喜欢与你交往。但你也需要记住，有时候，过分乐观也会让你掉以轻心而误事。

8～14分，你对人生的态度比较正常。不过，你还应该努力，因为以乐观的态度来看待人生，才会帮助我们渡过很多难关。

0～7分，不得不承认，你太悲观了，任何一件事，你看到的都是灰暗的一面。当然，不能完全否定悲观者，因为在你看来，没有产生希望就不会失望。然后你更应看到悲观的不利：你随时会担心失败，因此宁愿不去尝试新的事物，尤其当遇到困难时，你的悲观会让你觉得人生更灰暗、更无法接受。另外，因为悲观心理的作用，你常常也会产生沮丧、恐惧、气愤的情绪。克服它们的困扰，唯一的方法就是以积极的态度来面对每一件事或每一个人，即使你偶尔仍会感到失望，但逐渐地，你会对人生增加信心，胜过原来消极态度带给你的影响。

外向心理启示

内向者易悲观失望，外向者则凡事看得积极，做到能屈能伸，这是内向者需要向外向者学习的一方面。

[第5章]
外向者的心态调整策略：切忌自大，迷失自己

我们已经了解到，外向者比内向者更关注外在世界的变化，也有着更强的适应环境的能力。然而，现代社会，放眼所及，在我们的周围，充满着新奇、精彩的各种各样的人、事、物，甚至连人们的衣、食、住、行、育、乐等各个方面，也随时都有着丰富多彩的选择。在这样的环境下，外向者更容易迷失自己，甚至失去正确的价值观判断，为此，作为外向者，你必须做到经常自我反省、调整心态，以全新的状态迎接不断变化的生活。

外向者切忌以己度人，凡事都较真

我们都知道，与性格内向者相比，外向者似乎更在意他人对自己的评价，在人际交往中，他们更希望自己能成为中心人物，我们不难发现，那些被关注的社交达人多半是外向者，然而，面对人际间的矛盾和冲突，外向者却比内向者更较真，内向者多半选择闭口不提、得饶人处且饶人，而外向者非要争个是非对错。这一点，外向者要向内向者学习。

一般来说，外向者是大度的，是有容人之雅量的，也正因为如此，外向者身边从不缺朋友。那么，你为何还要为鸡毛蒜皮的事与周围的人

展开“生死大战”？当你心灰意冷、躲在交际的角落里，毫不起眼，自惭形秽时，你会抱怨，为什么我没有好人缘？其实，归结起来，这是因为你太过较真，太过较真只会让你身心俱疲。糊涂一点，能让你免于很多交际中的烦恼和麻烦。

孔子说：“水至清则无鱼，人至察则无朋。”不管是谁，假如到了身边连一个朋友都没有的地步，实在是可悲！所以，生活中，再聪明的人也要懂得“难得糊涂”的道理，睁一只眼闭一只眼，生活中的不快自然会消失。如其不然，做人做事太过精明，非但对你的生活和事业无益，反而会招致许多不必要的烦恼。

一天，小刘在路上与同事不期而遇。小刘和同事都是歌迷，他们都刚刚欣赏完一场演唱会，兴奋不已，只是他们喜欢的歌星不一样，参加的演唱会自然就不一样，但他们都迫不及待地想展示自己的兴奋与喜悦。

小刘开口说：“你看周杰伦的演唱会没？真是太精彩啦！”朋友说：“我也刚看完演唱会，但不是周杰伦的，是刘德华的，简直太棒了！”小刘又说：“周杰伦的声音真特别！”朋友却说：“真的很棒！还是刘德华唱的有韵味儿！”他边说边哼唱起来，小刘生气地说：“我觉得刘德华都过时了，你真是老古董！”朋友听后更生气：“那是经典，这你都不知道？一点品位也没有！”就这样，两个人开始争吵起来。

所谓“话不投机半句多”，小刘和朋友就是因为在闲聊过程中，始终不肯让步，而导致了无谓的争论，从而破坏了朋友间的友谊。试想一下，如果他们中的任何一个人，试着同意对方的观点，或者后退一步，对于自己不同意的意见保持缄默，也不会闹到不欢而散的地步。要知道，每个人都有自己不同的兴趣爱好。在人际交往中，我们如果能够尊重对方的喜好，暂时隐藏自己感兴趣的话题，这样更有助于建立起良好的人际关系，让你成为一个深受欢迎的人。这就是糊涂哲学带来的积极效果。

凡事要认真，这原本没错，但是一个人一旦认真到了较真的地步，眼里丝毫不揉沙子，那就是和自己过不去，到头来会自讨苦吃。所以，只要不是大是大非的问题，我们其实没必要作无谓的坚持。换言之，即使你坚持又能怎样？对方会按照你的意志行事吗？俗话说“兔子急了也咬人”，你把别人逼得没有丝毫退路，对方除了奋力反击还能有什么选择？

那么，作为外向者，该怎样调整自己的心态，学着不与人较真呢？

1.不要太把自己当回事儿

较真的人之所以喜欢较真，就在于他们太爱把自己当回事儿，他们总是把自己当成正义的守护神。但事情并非如此，很多事，对的并不一定是好的，好的也并不一定是合适的；世间之事也并没有绝对的是非对错，其实是没法较真的，也是没必要较真的，否则就是自讨苦吃。

2.以包容之心对待他人

人非圣贤、孰能无过，如果再用放大镜去看别人的缺点，那绝大多数人肯定就是罪不容诛了。待人本该少苛求、多宽容、多理解、多尊重，求大同存小异。只有这样，我们才能够结交更多的来自五湖四海、各行各业的朋友，进而做到左右逢源、无往不利、皆大欢喜。否则人人都会敬而远之，结果也就只能使自己变得越来越孤立。

3.从提高自身修养开始

为人处世，要懂得宽容。宽容能体现出一个人的道德修养、个人素质和气质。反过来，要做到忍耐，你也需要从日常生活中开始，逐渐提高你的修养。不与人斤斤计较，不为小事发火，不为大事慌乱，足见你的人品是怎样的。

4.要学会设身处地地为他人着想

站在他人的角度来思考问题，或者多想想这件事情所带来的好处，凡事都有它的两面性。

其实，生活中有很多事都是我们所无法掌控的。大家都想占便宜，又哪里有那么多的便宜让人来占呢？保持一颗平常心，吃得起亏，也许真的会成为人生的一大幸事。在现代交际中，外向性格的你也要学会和忍耐包容，即使自己吃点亏，也是一个很好的交际方法，这会让你在对方眼里变得豁达、宽厚，让你获得更深厚的友谊。

外向者切忌急功近利，心静才会豁达

在内向和外向者的性格对比中，我们必须承认一点，内向者更内敛、沉稳，而外向者很多时候则表现出浮躁的心态。以工作为例，内向者通常能静下心来、按部就班地完成手头工作，而外向者则表现得急功近利，事实上，“心急吃不了热豆腐”，任何事情的发展都是遵循一定的规律的，越是渴望成功的人，越是与成功与无缘；太想赢的人，最后往往很难赢。太想到达目标的人，往往不容易达到目标，过于焦虑其实就是自找烦恼。相反，淡然处之并持之以恒，那么，成功的概率却会大大增加。

一位少年，他一心想早日成名，于是拜一位剑术高人为师。他迫不及待地问师傅多久才能学成，师傅答曰：“十年。”少年又问如果他全力以赴，夜以继日要多久。师傅回答：“那就要三十年。”少年还不死心，问如果拼死修炼要多久，师傅回答：“七十年。”

这里，少年学成并非真的要七十年，师傅之所以如此回答，是因为他看到了少年的心态，少年可谓是不惜一切想尽快成功，但没有平和的心态，势必会以失败告终。渴望成功、努力追求都没有错，但渴望一夜成名的心态反而会使人欲速则不达。

其实，不光是这个少年，在现实生活中，不少外向者也是如此，他们凡事追求速度，以至于他们经常在做一件事时还没开始就结束了。急于求成，心态浮躁，往往不会注意做事的品质而常把最简单、最普通的事做砸，何况富有挑战性的大事呢？

事实上，任何一种本领的获得、一个人生目标的达成都不是一蹴而就的，而是需要一个艰苦历练与奋斗的过程，正所谓“梅花香自苦寒来，宝剑锋从磨砺出”，我们做任何事都应该本着踏实的原则，一步一个脚印，才能走向成功，因此，任何急功近利的做法都是愚蠢的，急于求成的结果，只能适得其反，功亏一篑，落得一个拔苗助长的笑话。

强扭的瓜不甜，强求的事难成，一切要尽量顺其自然，追求水到渠成。谁不想生活中事事都称心如意，但是实际上主客观往往是有差距的。千万不可把自己的主观意愿强加于客观的现实中，我们应该学会随时调整主观与客观之间的差距。

有一对夫妻，恩爱有加，令很多人都羡慕。然而他们有一块心病郁积心头，一直挥之不去：结婚五六年了，还一直没有属于自己的爱情结晶。小两口那个急呀！一有空就四处寻医问药，但几年过去了，妻子的肚子却不见有怀孕的迹象。更为严重的是，以前身体健壮如牛的妻子，竟然和各种莫名其妙的疾病结上了缘，攀下了亲。开始时整天肚子痛，得常常出满身虚汗；痛得常常在床上打滚；痛得常常大呼小叫。于是，他们走遍全国求医问药，但都不见好转，连续的奔波，令他们身心俱疲。

父母流泪了，劝他们想开点；朋友们伤心了，劝他们顺其自然。小两口不表示拒绝，也不辩驳，均一笑了之。

有一天，小两口到医院打点滴，一个护士看着他们青一块紫一块的胳膊，还有胳膊上密密麻麻针头扎过的小红点，不禁落泪了：顺其自然吧，是自己的别人抢不走，不是自己的莫强求……

听着这温柔的、天使般的声音，小两口陷入了沉思：是啊，小护士和我们素不相识，她干吗要劝我们？还不是看到我们身心俱疲的样子产生悲悯之情了吗？顺其自然，是自己的别人抢不走，不是自己的莫强求……说得多好啊！

回到家，小两口像换了个人似的，把医院买来的各种中药、西药统统扔进了垃圾堆。小两口相视一笑，顿觉浑身轻松。

一个周末，妻子翻翻日历，发现例假很久没来，然后拿出试纸，检测了下，发现居然怀孕了，小两口紧紧地相拥在一起，激动的泪水夺眶而出……

后来，丈夫向朋友叙说："真的，自从思想放松后，妻子的小烧不断、肌肉乱颤、大肠易激、夜间失眠，统统地不治而愈。"他在叙述这一切的时候，我发现，他的脸色很平静，似乎在叙说一个与自己毫不相干的故事。

凡事顺其自然，确实至为重要。有些事情就是奇怪，你越努力渴求，它反而迟迟不来，让你等得心急火燎、烂额焦头。终于，你等得不耐烦了，它却又如从天而降，给你个惊喜满怀。

可以说，心急是很多外向者做事的通病，但无论如何，你要明白，任何事情的发生、发展都遵循一定的规律，因此，我们不必急于求成、急功近利。凡事在开始之前都思考，可能效果更好。假如不按客观规律办事，只能瞎忙活。如果我们在生活中学会按客观规律办事，就会获得事半功倍的效果。

当然，凡事追求顺其自然，并不是消极避世，而是站在更高层次来俯视生活的一种睿智。当你看到电视剧中一些人为名利、地位争得头破血流时，你有什么感慨？当你的邻居们为了一点点小利益而拳脚相向时，你会怎么看？是可怜！是可笑！是可悲！还是可爱！也许我们能从中有所收获吧。当人们都顺其自然了，那淡然、泰然、必然、坦然、悟然也就水到渠成了。

外向心理启示

人生路上，无论何事，最忌急于求成，凡事只有经过深思熟虑再行动，才有更多成功的机会，不按照事物的发展规律办事，那么，只能是徒劳无功。外向者如果能在生活中学会按客观规律办事，就会获得事半功倍的效果。

外向者学习舍得的智慧，先舍而后得

我们都知道，外向者在人际交往中往往表现得十分大方，这是他们有着良好的人际关系的一个重要原因。除此之外，外向者对于得失也往往能淡然处之，而一些内向者却表现得耿耿于怀。中国人常说，“舍得舍得，有‘舍’才有‘得’”，这也是告诫生活中的外向者要发扬自己拿得起放得下的个性优势，在失去的时候淡定处之，万事万物都不绝对，当你真正舍得的时候，你会获得一个意外的惊喜。

我们每个人，都是一个独立的自我，但同时，也生活在一定的社会集体中，我们的身边，还有朋友，还有共事者，还有很多人，我们不可能脱离集体而单独存在，因此，外向者在向社会、他人索取的同时，也要学会奉献、懂得感恩。你要明白，有时候，真正的成功，并不是财富的集聚，而是精神世界的富足。懂得付出，懂得为他人和社会牺牲一点个人利益的人，必当是得道多助的。

小王是一家电子配件销售员，他性格活泼开朗，很招人喜欢，但有时也喜欢安静，他住进现在这个小区已经三年多了。平时下班后，没事儿他就去小区散散步，或者与长辈们聊聊天，和孩子们踢踢球等，久而久之，小区里的人就都认识他了，说小王这个小伙子人不错。

这天下班后，疲惫的小王刚做好饭，正准备打开电视机，听见有人敲门，原来是隔壁的周阿姨带着女儿来了。

“小王啊，我们家玲玲有道数学题不会，你看能不能……”

“当然可以了，又不是什么大事儿，您先坐会儿，玲玲，你过来……”小王赶紧说。

没一会儿，题目就讲解完了。这时，周阿姨随便聊道：“小王啊，晚上吃什么呢？”

“就随便吃点啊。”

“那怎么行呢，年轻人工作累，身体就得照顾好，吃饭可不能随便对付啊。”

“累是累，可是也没心情吃饭啊。”

“怎么了？小王，工作上有什么不顺心的事吗？”

“不瞒您说，做销售这一行，最头疼的就是产品卖不出去，这直接和自己的业绩有关，而这卖产品，最重要的就是寻找客户，最近我手头上这批货，正不知道往哪里销呢？”

“也是啊，做哪行都不容易，对了，小王，你卖的是什么产品？”

“电子配件。”

“是不是就像手机电池之类的东西啊？”

“是的。”

“我倒有个亲戚，他开了个手机维修门面，估计应该需要这方面的配件，我什么时候帮你问问他。”

“是吗？要是这样就太好了，太谢谢您了，周阿姨。”

几天后，这位周阿姨把自己的亲戚和小王都约了出来，很快，小王就成功卖出了这批配件。

这件事以后，小王发现，只要自己脸皮“厚”点，敢向这些街坊四邻提帮他销售的事，他们都很乐意帮忙。这样一来，与街坊四邻的关系更加亲密了。

这则案例中，我们发现，小王“无心插柳”，居然解决了自己在工作上的问题——成功卖出去一批产品，而这得益于他对邻居周阿姨的帮助。随后，小王发现借助街坊四邻的力量，可以更加轻松地找到潜在客户，之后他便以此为途径，在与邻居们的你来我往中，不仅做成了生意，还拉近了彼此间的距离。

我们都知道，得与失是一个对立面，人们都希望得到而害怕失去，这也是人们常有的心态。而正是因为这种心态导致了人们患得患失。一些性格内向者也是如此，他们做不到外向者般的潇洒。他们因为“舍不得，因此也得不到”，但生命本身就不是一场完美的戏剧，它始终有缺憾，它给你带来些什么，也会带走些什么，无论外向者还是内向者，都应该潇洒一点。

总之，“舍”与“得”之间是辩证的关系，你无心的一次“舍”，也许就为你赢来了“得”的机会，所以，生活中的外向者应该正视人生的得失，世间万事万物，来来去去，本就没有一个定数，我们不能左右世事，但可以左右自己的心，以一份淡然的心面对，我们的心会释然很多。

外向心理启示

生活中的外向者，应该发挥自己拿得起放得下的性格优势，无论得失，都要调整自己的心态，要超越时间和空间去观察问题，要考虑到事物有可能出现的极端变化。这样，你才能做到真正的舍得。

外向者别奢求太多，容易被欲望遮住双眼

外向者比内向者更有野心，更有成功的欲望，在各行各业，那些有所成就的人不乏外向者，进取心让外向者不断进步，然而，任何事都应该有个度，作为性格外向者，如果你奢求太多、对自己的欲望不加控制，那么，你很可能会被欲望遮住双眼而看不清前行的路。

的确，不管你是在温室中成长，还是在困苦中挣扎，欲望都会存在于你的心中，欲望可以成为我们的信念，支撑我们渡过难关，但是欲望也像鸦片，容易上瘾。皮埃尔·布尔古曾说过：“人们常常听到这样一句话：‘是欲望毁了他。’然而，这往往是错误的。并不是欲望毁了人，而是无能、懒惰或糊涂。”

不得不说，高速运转的现代社会让不少人变得浮躁起来，甚至陷入欲望的泥潭而无法自拔，最终自食其果，我们先来看下面这样一则寓言

故事：

一天夜里，一只饥饿的老鼠终于发现了一些食物，正当它准备大吃一顿时，却被它的天敌——一只大花猫抓住了，它只好哀求花猫放过它："猫大哥，请你饶我一条小命吧，回头我就送你一条大鱼。"

猫说："不行。"

老鼠继续说："那五条呢？"猫还是不答应。

老鼠还想继续求情："这样，要是你能放了我，那以后每天我保证都能为你送上一条鱼，要是到逢年过节，我还会送上更多的。"

猫眯起眼睛，不说话了。狡猾的老鼠认为自己的话起作用了，于是，它乘胜追击："猫大哥，你平时基本上都吃不到鱼，不过鱼可是你的最爱，只要你这次高抬贵手，你以后每天都有鱼吃了，这是多么好的一件事啊！"

猫还是没有吱声，不过它心里很清楚：我也希望天天吃到鱼，但一旦这次放过它，那么，它还是会偷吃主人的食物，胆子会越来越大，主人肯定会怪我，那时候，我连温饱都成问题，哪里有鱼吃呢？这样的交易不划算。

想到这些，猫突然睁大眼睛，伸出利爪，猛扑上去，将老鼠吃掉了。

猫是聪明的，它的选择也是正确的。它很理智，它知道老鼠的许诺虽然很诱人，但一旦答应，可能会付出更大的代价，于是，它最终还是选择了原来的一日三餐。而一日三餐便是它的底线。猫当然希望一日一鱼，但连起码的一日三餐都保不住的话，一日一鱼便成了水中月、镜中花。

然而，不得不说，现实生活中的一些外向者，他们满怀激情，总是不安于现状，他们并不是被那些"一日一鱼"所诱惑，而是总有无止境的追求，最终因小失大，连原本的"一日三餐"都失去了。

在通往成功的路上，外向者应该多一份理智，只要能够忍耐欲望的吞噬，按捺住内心的悸动，那最后的胜利就是属于你们的。

东汉时期，有个叫杨震的人，他从荆州刺史调任东莱太守时，有个曾经认识的县令想贿赂他，带了十几斤黄金来拜访杨震。

县令送这样的重礼，当然是希望曾经的故人能在以后多多关照自己。杨震并没有收，而是拒绝了这份礼物，说："故人知君，君不知故人，何也？"

县令以为杨震假装客气，便说："幕夜无知者。"他的意思是，晚上谁又知道呢？

杨震一听很生气，说道："天知、地知、你知、我知，怎说无知？"县令听完无地自容，只得带着礼物，狼狈而回。

在东汉历史上，杨震是一个颇得称赞的清官。正是他抵御住了诱惑，才得以在史册上保留清名。试想，如果杨震抵御不了诱惑，拿了县令所赠送的十几斤金子，那估计他在史册上将是声名狼藉，哪里还有清廉的名声。

古人尚且深知要把握自己，不要迷失自己，那么现代社会中的外向者呢？其实，陷入诱惑的泥潭，源于内心的欲望。欲望就像毒品，是会上瘾的，当你一次满足了之后，就会不断地想要更多，那根本就是一个无法填满的无底洞，于是，你越来越难以抵御外面世界的诱惑。最后，人被欲望所控制，甚至成了欲望的奴隶，最终被那些诱惑所吞噬。所以，外向者应该记住：想成大事，必先克制内心的欲望，学会抵御外面世界的种种诱惑。

要做到抵御诱惑，就要懂得享受宁静。脱下白领的衣服换上流行时装走进灯红酒绿的地方，好像是现在人们放松的一种方式，随着灯光的闪烁人们摇摆着头甩着头发，这真的是一种放松的方式吗？灯红酒绿下，不知今夜又有多少无辜的少女或者少男沉醉在此？这是一种解脱的方式吗？

让自己内心平静的方法莫过于独处，上一支檀香，一壶水，一缕清茶，一盏杯。水从高处慢慢冲入杯中，一切仿佛慢了半拍，茶叶在水中翻转腾挪，一缕香气弥漫出来，心境逐渐平静。实际上，人生本如茶，一泡洗净铅华，二泡三泡满品精华，四泡五泡回甘香灭。

坚守一份执着，在迷茫的水面稳驾一叶轻舟；不再迷失自我，在喧嚣的尘世保持一份静默。迢迢暗夜，望一柄北斗为我们引路；茫茫雾海，燃一盏心灯为我们导航。可以一无所有，但不能失去可贵的自信与执着。

外向心理启示

灯红酒绿的现代社会，外向者要做到抵御诱惑、控制自己的欲望，就要告诉自己，不管遇到什么事情都要冷静，不管遇到多大的风浪都要坚定自己的立场。

外向者学会自我反省，别迷失自我

我们在分析外向者性格特征的时候就已经发现，外向者有很强的适应能力，他们能在最短的时间内融入新环境中，正因为如此，他们也更容易随波逐流而迷失自我。相对来说，内向者更关注自己的内心，这一点是外向者需要学习的。

的确，在灯红酒绿的都市生活中，到处充满着诱惑，然而，能做到静下心来的能有几人？在充斥着各种颜色的生活中，懂得舍得的又有几人？偶尔人本性中的单纯、朴实早已被我们抛在了身后。也许在这个快节奏的时代，我们真的走得太快了，是该停下脚步等一等被我们丢远的灵魂了。这样，才能让自己的心静下来，思索我们的人生。

外向者也是群居动物，他们也和所有人一样每天都要为生计奔波，也要面临繁重的工作压力，并且，总是身居闹市中的他们似乎更少静下来思考人生。如果你也是一名外向者，你有必要学会经常反思自我，以免迷失自己。

爱因斯坦小时候是个十分贪玩的孩子，他的母亲常常为此忧心忡忡。母亲的再三告诫对他来说如同耳边风。直到16岁那年的秋天，一天上午，父亲将正要去河边钓鱼的爱因斯坦拦住，并给他讲了一个故事，正是这个故事改变了爱因斯坦的一生。

父亲说："昨天我和咱们的邻居杰克大叔去清扫南边的一个大烟囱，那烟囱只有踩着里面的钢筋踏梯才能上去。你杰克大叔走在前面，我跟在后面。我们抓着扶手一阶一阶的终于爬上去了，下来时，你杰克大叔依旧走在前面，我还是跟在后面。后来，钻出烟囱，我们发现了一件奇怪的事情：你杰克大叔的后背、脸上全被烟囱里的烟灰蹭黑了，而我身上竟连一点烟灰也没有。"

爱因斯坦的父亲继续微笑着说："我看见你杰克大叔的模样，心想我一定和他一样，脸脏得像个小丑，于是我就到附近的小河里去洗了又洗。而你杰克大叔呢，他看我钻出烟囱时干干净净的，就以为他也和我一样干干净净的，只草草地洗了洗手就上街了。结果，街上的人都笑破了肚子，还以为你杰克大叔是个疯子呢。"

爱因斯坦听罢，忍不住和父亲一起大笑起来。父亲笑完后，郑重地对他说："其实别人谁也不能做你的镜子，只有自己才是自己的镜子。拿别人做镜子，白痴或许会把自己照成天才的。"

的确，正如爱因斯坦的父亲所说，我们只能做自己的镜子，照出真实的自我。那么，作为外向者，你该怎样做到自我反省呢？

事实上，反省无时无地不可为之，也不必拘泥于任何形式，不过，人在事物繁杂的时候很难反省，因为情绪会影响反省的效果。你可在深夜独处的时候反省，也就是在心境平静的时候反省——湖面平静才能映现你的倒影，心境平静才能映现你今天所做的一切！

当然，真正有效的反省都是在头脑清醒的情况下进行的，正如哲学家尼采所说的："不要在疲惫不堪的时候反省自己，这并非因为你冷静地反省了自己，你只是累了。在疲劳时进行反省，乃是郁闷设下的陷阱。”他这句话的含义是，一个人在结束了一天的生活和工作后，会不由自主地回顾当天的生活。此时，你会关注到自己和他人的行为，就会从中发现一些令你不愉快的部分，你就会变得郁郁寡欢，这种情绪的产生可能是因为你认为自己是无能的，你也可能认为他人是可恨的，最终，你会伴随这样一些负面情绪睡去。很明显，此时的反省不是有效的，你只是疲惫了，你该做的就是休息，等身心放松了再进行反省，你会更平和地看待问题。

至于反省的方法，即便是外向者，也要做到因人而异，有人写日记，有人则静坐冥想，只在脑海里把过去的事放映出来检视一遍。不管你采用什么样的方式，只要真正有效就行，自省也不能流于一种形式，每日看似反省，但找不出自己的问题，甚至对错不分，那就很值得注意了。

那么，每天你又应该反省些什么呢？是不是专门跟自己过不去？不！以下几个方面就值得你去自省：

（1）人际关系。你今天有没有做过什么对自己人际关系不利的事？你今天与人争论，是否也有自己不对的地方？你是否说过不得体的话？某人对你不友善是否还有别的原因？

（2）做事的方法。反省今天所做的事情，处事是否得当，怎样做才会更好……

（3）生命的进程。反省自己至今做了些什么事，有无进步？是否在浪费时间？目标完成了多少？

如果你坚持从这三个方面反省自己，那一定可以纠正自己的行为，把握行动的方向，并保证自己不断进步。

要成为一个有自我反省能力的外向者，你一定要做到自我否定，就是要勇于认错。每个人都会犯错误和存在缺点，犯了错误，就要主动接受批评和自我批评，认真反省自身缺点，从而不断改进自己、升华自己。那么，生活中的外向者，你们有反省的习惯吗？趁早培养吧，它能修正你为人处世的方法，给你指引明确的方向……

外向心理启示

反思自己是一件痛苦的事情，会反思是一种智慧。外向者更喜欢跻身于人群中，你有必要反思自我，思考自己的得失功过，只有这样，你才不至于迷失自我。

外向者有勇，更要有谋

毋庸置疑，外向者天生是勇士，他们敢于冒险，敢想敢做，然而，也正因为如此，一些外向者在实现目标的过程中，更容易被所谓的勇气冲昏头脑而忽视理智思维的重要，最终导致失败。因此，外向者在做事的过程中要记住一点，有“勇”固然可贵，但还要有“谋”，有勇有谋才能真正获得成功。

的确，智慧是永恒的制胜法宝。世间事，尽在人为，没有什么功业是侥幸成功的。假如你有智谋、心机和本领，不管从事什么职业或事业，俱可占天时据地利靠人气求生存谋发展，以尽可能少的付出和牺牲摘取成功和财富的桂冠。没有智谋、心机和本领，就不可能适应现代生活的挑战，更谈不上运筹帷幄，决胜千里。

在中国，充满智慧的诸葛亮正是将智慧运用到了极致的典范。

三国时期，诸葛亮因错用马谡而失掉战略要地——街亭，魏将司马懿乘势引大军15万向诸葛亮所在的西城蜂拥而来。当时，诸葛亮身边没有大将，只有一班文官，所带领的5000军队，也有一半运粮草去了，只剩2500名士兵在城里。众人听到司马懿带兵前来的消息都大惊失色。诸葛亮登城楼观望后，对众人说：“大家不要惊慌，我略用计策，便可让司马懿退兵。”

于是，诸葛亮传令，把所有的旌旗都藏起来，士兵原地不动，如果有私自外出以及大声喧哗的，立即斩首。又叫士兵把四个城门打开，每个城门之上派20名士兵扮成百姓模样，洒水扫街。诸葛亮自己则披上鹤氅，戴上高高的纶巾，领着两个小书童，带上一张琴，到城上望敌楼前凭栏坐下，燃起香，然后慢慢弹起琴来。

司马懿的先头部队到达城下，见了这种气势，都不敢轻易入城，便急忙返回报告司马懿。司马懿听后，笑着说："这怎么可能呢？"于是便令三军停下，自己飞马前去观看。离城不远，他果然看见诸葛亮端坐在城楼上，笑容可掬，正在焚香弹琴。左面一个书童，手捧宝剑；右面也有一个书童，手里拿着拂尘。城门里外，20多个百姓模样的人在低头洒扫，旁若无人。司马懿看后，疑惑不已，便来到军中，令后军充作前军，前军作后军撤退。他的儿子司马昭说："莫非是诸葛亮家中无兵，所以故意弄出这个样子来？父亲您为什么要退兵呢？"司马懿说："诸葛亮一生谨慎，不曾冒险。现在城门大开，里面必有埋伏，我军如果进去，正好中了他们的计。还是快快撤退吧！"于是各路兵马都退了回去。

这就是中国人常说的"空城计"的由来，在敌强我弱的情况下，诸葛亮并没有鲁莽行事，与敌人势均力敌，因为这样，只有一个结果，那就是失败。因此，他选择了用智取的方式，采用空城一计，让多疑的敌人选择了撤军，从而保存了自己的实力。

可能一些外向者会提出这样的疑问："我做的是小生意，但却赚了大钱，这是为什么呢？"美国著名企业家吉列说，"因为我懂得小生意做大的诀窍。"这是对凭智谋财的最好诠释。智是一种识见，勇是一种胆魄。有谋无勇，会因缺乏胆魄而夭折。有勇无谋，也将会因缺乏智慧而失败；当然，狭路相逢勇者胜，勇也是不可或缺的。但自古以来，无数历史事件证明：智取比鲁莽拼勇更得胜算。

生活中的外向者要想有所成就，就要不畏风雨，不怕挫折，不惧坎坷。但勇敢不等于鲁莽，不等于粗野，它是一种骨气，是一种真正的浩然正气。因此，你不仅需要勇气，还需要智谋，还要有高思维的头脑，审时度势，运筹帷幄，决胜千里。

为此，你需要做到：

1.勤于思考

要有智慧，就要有一颗善于思考的头脑。真正的“有头脑”，指的是善思考、勤实践，有思想、智慧、远见、卓识和才干。一个人虽然长着脑袋，但若不善用脑，没有思想、智慧、远见、卓识和本领，是不能算是有头脑的。

2.注意方法

西点的布莱德雷说：“不仅要达到目的，更要注意方法。”要善于观察、学习和总结，仅仅靠一味地苦干，只埋头拉车而不抬头看路，结果常常是原地踏步。

3.敢于突破

在做事的过程中我们一定要学会思考，在这个变化剧烈的时代，过去一直遵循的行事方式很可能不再是指引未来行动的金科玉律，而要发现这一点，再也没有什么方法比努力思考、多提问题更好的了。

总之，工作中努力、敢闯敢做是好事情，但是光靠勇气和努力是不够的，还要多动脑，多思考，这样才能真正做出成绩。

外向心理启示

成功取决于思考和智慧。盲干之人，没有思想之人，不管付出多大代价和牺牲，也难以成功。每个性格外向者，如果希望获得成功，也就要学会用智慧指导行动。

[第6章]

外向者的说话心理学

在分析外向型性格的人的个性特征时，我们了解到外向者心直口快，常将自己内心的想法不加考虑地说出来，外向者因个性率真而受人欢迎，但也常因为不谙说话艺术而得罪他人，外向者需要记住的是，沟通是双向的，真正说出震撼人心的话语才是有效的，因此，外向者最好掌握一些说话心理学，真正把话说到对方心坎里，进而达到说话的目的。

言多必失，外向者开口前多一分思考

我们经常看到，在一些公共场合，一些性格内向者选择一个角落坐下，而外向者则侃侃而谈，与周围的人相处甚欢。一般来说，外向者拥有更好的人际关系就来自于他们敢于开口的这一优点，然而，外向者也有一个性格劣势，那就是经常将自己的想法不加思索地表达出来，因为词不达意，他们常常让自己或交谈的对方陷入语言尴尬境地。当然也有一些外向者能做到口吐莲花而左右逢源。这是为什么呢？其实这就是言语的慎密性，前者言语不够慎密，经常被他人抓住“把柄”，后者言语谨慎小心，把话说得滴水难漏。

生活中的外向者需要明白的是，真正的口才是要将心理学融入其中的，只有丝丝入扣、滴水不漏的语言才能敲击人的心房，才能彰显你的口才水平，而在语言沟通中，无论是赞美他人，还是批评他人，你都应该谨慎使用言语不给对方反驳的机会，不让对方有空子可钻，以慎密言语来影响他人心理。因此，你需要明白，言多必失，你最好在开口前多一分思考。

暑假期间，火车上十分拥挤。一位年轻姑娘中途上车，见两张对面坐席上坐着三个年轻人，而旁边座位正好空着，就走过去问："同志，这儿没人吧？"

对方回答："没有。"于是年轻姑娘放下东西，准备就座。不料，一个男青年突然把腿放到了坐席上。

姑娘一愣，问："你这是为什么？"

"因为你不会说话。"那个男青年故意刁难，"那么，请问该怎么说？"姑娘好意请教，对方眯起眼睛装腔作势地说："看来你是井里的青蛙，没见过多大的天地。让大哥告诉你，你得这样说：'大哥。这有人吗？小妹我坐这可以吗？'哈哈哈……"说完，肆无忌惮地狂笑起来。

姑娘脸上一阵发烧，心里很生气，但转念一想："不对，有道是兵来将挡，水来土掩。你要滑嘴，我难道没口才不成？"于是姑娘说："听你这一说，我确实没有见过你们这种独特的'礼貌'方式。不过，你们既然见过世面，又有自己独特的'礼貌'方式，见了我，就应按你们的'礼貌'方式办事才对。""你说怎么办？"男青年不解地问，"那还不容易？看见我来了，就该起身肃立，躬身致礼，说：'大姐，这儿没人，小弟请你赏脸，坐这可以吗？'咳，可惜呀，你连自己的'礼貌'信条都做不到，还想教训别人，真是土里的蚯蚓，一点蓝天都没见过！"

看完这则笑话，我们不免为这位姑娘的机智拍手称快。男青年自作聪明地擅自卖弄口舌，没想到一番唇枪舌剑之后，他话语中的把柄却被姑娘抓个正着。最后，姑娘短短几句话，就反击了男青年的"谬论"，语气中透露了讥讽之意。出现这样的结果，就在于男青年没有使用慎密的语言，想到什么就说什么，最终败在自己的言语陷阱里。

然而，现实生活中，不少外向者却不像笑话中的女孩一样懂得语言的艺术，他们常不经过大脑思考就脱口而出，结果因为言语中出现的漏洞而被对方反将一军，或者自作聪明地认为掌握了话语主动权，但是，却在无意之间被对方抓住了“把柄”，最终只能以惨败收场。所以，外向者不仅要善于言辞，更要会说话，努力把话说得滴水不漏，不让对方抓住“把柄”。

因此，你需要做到的是：

1.三思而后说

俗话说：“三思而后行。”说话也一样，语言经过了大脑的思考才更有说服力，而且，也能经得起对方的“检验”。所以，无论在什么场合，面对什么人，你都需要“三思而后说”，这样说出的言语才会显得慎密、谨慎。

2.懂得随机应变

面对对方咄咄逼人的问题，有可能你会乱了阵脚，于是，那些不该说的就脱口而出。在这样的情况下，对方有可能会从你的话语中抓住“把柄”，并且伺机通过言语攻击你。因此，在面对别人的提问时，你要懂得随机应变，把回答的话说得滴水不漏，让对方找不到“把柄”。

3.面对难以回答的问题，找个借口

交谈过程中，如果对方逼你表态，而你无法作出抉择，你就可以大胆坦言：“我还需要仔细考虑，请给我一点时间。”这样，你不仅可以省去许多麻烦，也是提高冷静应对能力的重要手段。

总之，在沟通过程中，外向者要想达到自己交谈的目的，就需要谨慎使用一字一句，尽量慎言密语，牢牢把握“胜利”的机会。

外向心理启示

沟通就是一场语言的战争，谁先露出了破绽，谁就输了。要想让语言达到效果，外向者在开口前，有必要先进行思考，要做到小心谨慎，泰山崩于前而面不改色，说话滴水不漏。

交谈不要以自己为中心，外向者要学会做配角

我们都知道，在人际交往中，外向者更倾向于做主导者，他们会通过主动、积极的方式来获得对方的认可，然而，人与人之间的沟通是双向的，外向者如果在沟通中只顾自己说而剥夺对方说话的机会，那么，只会让对方产生厌烦的情绪。事实上，真正会说话的人懂得从对方的心理出发，巧妙地把说话的机会让给对方、甘当配角，这样给对方带来愉悦的情绪后，便能拉近彼此之间的距离。

事实上，不少外向者认为，说得多就是有口才的表现，同时，为了使他人接受自己的观点，他们总爱侃侃而谈，甚至口若悬河。殊不知，无休止的话只会让别人产生反感。我们真正要做的是尽可能多地让对方说，给对方创造说话的机会，把自己变成以听为主的听众，给说话者以呼应，或赞成，助其深入；或反对，让他告诉你他认为什么是正确的，这才是真正地把握了话语主动权。因此，让对方多说话，并不会让我们丧失交流的机会，反而有助于我们达到沟通的目的。

曾经有一名法官，他是个善于倾听他人说话的人，在他调节的纠纷中，人们总是愿意听取他的意见。

一次，一个老作家和一个出版社因为报酬问题出现了纠纷，闹上了法庭。根据案情，法官认为调解对双方，特别是对老作家有利。因为打官司既费钱又费力，个人不能与单位比。但他多次建议双方调解，都没有效果。老作家对出版社怨气很大，但很明显，他是个法盲，开庭时只是反复就一两个问题进行阐述。尽管他遣词造句与他的职业很匹配——颇具诗歌或散文的味道，可车轱辘话谁听着都烦。旁听席上渐渐有人打瞌睡，有人起身离去。可法官一直静静听着，不打断老作家的话。

庭审进行了3个多小时，直到双方再无话可说，法官才向双方解释了出版合同的法律规定，指出双方在合同履行中的不当之处，并再次提

出调解的建议和基本方案。

老作家听完法官的话，半晌没说话。最后，他突然表示愿意接受调解。

“法官大人，矛盾发生以后，你是第一个完完整整听完我讲话的人。”老作家诚恳地说，“你对我的尊重让我信任你，你说怎么办就怎么办。”

这则案例中，这名法官就是个善于通过倾听解决问题的人。表面上看，一直是老作家在侃侃而谈，法官一直静静地听着，但最终，老作家却因为感受到了来自法官的尊重而接受了调解，这就是法官所要达到的沟通结果。

在日常沟通中，并不是所有人都能做到和法官一样，多给他人说的机会，外向者尤其喜欢在公共场合说话，你只要留意一些非正式的聚会，或是聚餐，或是聊天，那些在旁边听别人讲话的外向者，多么迫不及待地想开口；而且一个讲完以后，旁边立刻有人急着接下去，甚至出现多人抢着说话的现象，你就可以知道他们是多么爱说话了。关于如何更好地倾听，鼓励对方多说，以把握沟通的主动权，有如下一些技巧：

1.沉默是金，不要抢着发言或说话

真正的说话技巧，并不是不放过任何一个说话的机会，而是懂得适时地说话。低调说话，就是需要我们懂得沉默。也就是说，任何时候，你都不要抢着发言，即使对这个问题有处理办法，也只是建议别人该如何去做，而不是说应该怎样去做。说话低调，可以给自己留下回旋的余地，不至于让自己尴尬与难堪。沉默是金，这也许并非人生箴言，却也是许多风雨人生的凝聚。早在白居易的诗中，就有了“此时无声胜有声”的意境。到了语言所表达的极限，便需要用沉默来体会和理解。当我们沉默的时候，就给了对方更多的说话机会，自然得到对方的好感。

2.集中注意力，用心地听

听人说话是一门大学问，有的人经常被别人说成“左耳朵进右耳朵出”，形容他听话总是记不住。其实，一般人在听别人说话的时候，能记住一半的内容已经不错了。

3.鼓励对方多说

在与人交谈的时候，你的一个点头和一句肯定的回答，都能让对方产生继续说下去的愿望。鼓励对方多说话的方法有很多，比如，你可以说“你认为这就是问题所在”“你的意思是……”“你能说得明白一些吗”等话语。并且，这些提问有助于你获得更多信息，并理解问题的各个方面。

4.不要轻易否定别人

如果你在与别人聊天或交谈时，出现了相左的观点，特别是你想说服对方接受你的观点，那么你最好不要一上来就否定对方的观点，说他的观点是错误的、荒谬的，这样你一定不会获得你想要的结果。相反，如果你能机智、委婉地说出你的观点，然后将对方引到其他话题上来，从而让他忘记自己原来的观点，这是将话题继续下去的明智之举。

比如，对方在你的面前指责你一个非常熟悉的朋友：“他这个人脾气太坏，那次我们一起去谈某项业务，结果与对方负责人没说三句话，就在饭店吵了起来。”你可以问他：“哦，是吗？在哪家饭店？”对方回答后，你们不妨就那家饭店哪些菜比较有特色聊一聊，将话题转移。

外向心理启示

谈话不是演讲，不是个人表演的独角戏，而是双方交流的活动。外向者在谈话中，只以自己为中心，好像他人都不存在似的，长久下去，必然会令人生厌。所以外向者要记住，在与他人交谈时，给对方创造说话的机会，要比自己说好得多。

说话避开险境，别踏入对方“雷区”

外向者有个显著的个性特征是，通常会不假思索地将自己的想法表达出来，这是外向者率真的表现，但这一说话习惯常常为外向者带来困扰。要知道，很多情况下，人与人之间的沟通是有一定目的的，毫不避讳地说话，很有可能会陷入对方的“雷区”。

可以说，说话是我们天天都在做的事情，但善于说话，能准确、清楚地表达自己的意图，使对方乐意接受，却不是一件简单的事情。心理学家理查得·班得勒说过，当你对他人说话时，你不是想给他传递信息，就是想改变他。但在这个过程中，对方是否会接受你的意思，你的沟通目的是否能够实现，却又是另外一回事了。其中的症结点在于你是否说了避讳的语言，或者把话题置于危险的境地，这将会导致你沟通的成与败。不少外向者说话不经过大脑思考，只图嘴巴痛快，常常“语出惊人”，踏入“雷区”，最后导致整个沟通失败。

公元1368年，朱元璋登基，建立明朝。一天，一位穷朋友从乡下来到京城皇宫门前求见明太祖。朱元璋听说是以前的老朋友，非常高兴，马上传他进殿。谁知这位穷朋友一见朱元璋端坐在宝座上，昔日的容颜似乎没有多大变化，便忘乎所以地直通通地说：“我主万岁！您还记得我吗？从前你我都替人家放牛，有一天，我们在芦花荡里把偷来的豆子放在瓦罐里清煮。还没等煮熟，大家就抢着吃，甚至把罐子都打破了，撒了一地的豆子，汤也都泼在泥地上。你只顾满地抓豆子吃，不小心连红草叶子也送进嘴里，叶子梗在喉咙里，苦得你哭笑不得，还是我出的主意，叫你把青菜叶子吞下去，才把红草叶子带下肚里去……”还没等说完，朱元璋就听得不耐烦了，嫌这个孩提时的朋友太不顾体面，于是大怒道：“推出去斩了！推出去斩了！”

后来，这件事让另外一个穷朋友知道了，心想这个老兄也太莽撞了，于是，他心生一计，信心十足地去见他小时候的朋友，即当今的皇帝。这个穷朋友来到京城求见朱元璋。行过大礼，这个人便说：“我皇万岁万万岁！当年微臣随驾扫荡泸州府，打破罐州城，汤元帅在逃，拿住了豆将军，红孩儿挡关，多亏了菜将军。”朱元璋一听，不禁大笑，他认出了眼前的这个是孩提时的朋友，心中更为此人巧妙地暗示他们小时候在一起玩耍的事而高兴，于是让他做了御林军总管，留在了自己的身边。

同是儿时朋友，所受到的待遇却迥然不同。前者说话太莽撞，把朱元璋儿时的糗事一股脑儿说出来，这时已身为明太祖的朱元璋怎么能受这样的戏谑，最终那位穷朋友非但没有讨到好处，反而赔上了自己的性命；而后者只是简单地聊了儿时的趣事，其中还包含了对朱元璋的敬仰，最后他做了御林大将军。

其实，善于说话并不是一件很简单的事情，这将意味着你所说的话能够令对方乐意接受，而且，你的话语能够巧妙绕过险境，直入对方心里，继而影响对方心理。沟通是双向的交流，它的成败不取决于你说了什么，而是取决于对方的反应，对方不接受你所说的话，那你说得再多也没用。所以，为了让对方乐意接受，外向者在说话的时候需要避开险境，把“危险语”吞进肚子里，这样才能有效地影响他人心理。

1.避开隐私

隐私就是不可公开或不必公开的某些事情，有可能是缺陷，有可能是秘密。因此，我们在进行语言交流的过程中，需要避开彼此的隐私，这既是一种礼貌，同时，也可以很好地保护话语的“安全性”。

2.切勿不懂装懂

你要记住，你并不是万能博士或者百事通，即使自己知识渊博，但总有一些地方不如人，总有不懂得的知识。因此，无论是面对有教养有知识的人，还是面对一个默默无闻的人，你都应该谦虚谨慎，不可妄发言论。

3.避开忌讳

在谈话过程中，你需要避开一些忌讳，比如关于“死”的避讳语，“棺材”“寿材”等；对方的生理缺陷，比如“残疾人”；对一些不可公开的事物行为，比如“大小便”等，这些避讳词语都是需要避开的。

4.避开粗口秽语

在交流过程中，你需要避开粗口秽语，使用文明的语言。言语粗鄙是最无礼的语言，而且，有可能会为自己带来一些不必要的麻烦。

5.避开别人的痛处

事实上，每个人都有自己的忌讳，人人也都讨厌别人提及自己的忌讳。在与他人聊天或闲谈时，我们就要避开这类话题，把握分寸，不要伤害别人的自尊心。

掌握以上说话技巧，我们就能把话说到对方心里去并产生积极的作用，也就会令对方产生愉快的情绪，进而愿意与我们亲近了。

外向心理启示

在日常交际中，有一些话题是沟通的“雷区”，稍有不慎就会粉身碎骨，所以，个性率真的外向者应该尽可能地避开这些危险区，避开一些敏感、危险的词汇，这样才能促使沟通的顺利进行。

谨言慎行，外向者不用语言的刀子伤人

生活中，外向者大多说话做事直接、不隐晦，这是外向者的优点，给人以率真的印象，然而，外向者也常常因为说话毫无顾忌而伤害他人。我们都知道，与人交往，如果真诚、和善、大方，谈吐文雅，就会给人留下良好的印象。任何人都讨厌那些满嘴脏话、尖酸刻薄的人。因此，外向者如果希望自己成为一个受人欢迎的人，就要管好自己的嘴，要做到谨言慎行，绝不可用语言的刀子伤人。

美国前总统林肯年轻时，特别喜欢批评人，经常写文章讽刺自己看不惯的人。1842年，他又在当地《春田日报》上发表匿名文章，嘲讽一位傲慢好斗的政客席尔斯，在全镇引起了轰动。这下可惹恼了席尔斯，当席尔斯查出写讽刺文章的是林肯后，更加愤怒，当即就找到林肯，要和他决斗。林肯反对战斗，可是又不愿意道歉，只得接受。惊恐之余，

林肯仗着手臂长，于是挑了骑兵用的长剑，还跟一位从西点军校毕业的人学剑术。到了决斗这天，林肯如约来到密西西河岸，准备一决生死。好在最后一刻有人阻止，才终止了决斗。从此以后，林肯再也不写文章批评讽刺人了。

林肯写文章在《春田日报》上批评和攻击席尔斯，让他颜面无存，尊严和人格受到了严重的伤害，结果导致席尔斯想要跟林肯拼命。俗话说："树怕剥皮，人怕伤心。"受到批评，心里就会受到伤害，当一个人承受的伤害超过了"限度"之后，就会导致出现反击甚至是拼命的后果。可见，批评别人的时候一定要把握好这个度，不要随便去伤害别人的自尊。

然而，在我们的生活中，不少外向者不曾把谈话当作一门艺术，他们没有意识到说话时应该顾及他人的感受，更没有在语言谈吐上历练自己。人际交往中，他们宁肯随便用粗俗的语句，也不肯"三思"而后言，同一种含义，他们却不能用文雅、优美的语言表达出来。

的确，那些广结善缘的外向者多半都是谨言慎行、修养好的，而那些说话伤人的人常常孤立无援。

一位学生物学的女孩和一位中文系的男生相恋了。两人漫步在林荫道上，小伙子兴致勃勃地念了两句诗："春蚕到死丝方尽，蜡炬成灰泪始干。"他得意之时，姑娘则冷冰冰地说："真可笑！春蚕吐丝作成茧，变成蛹后飞出蛾，它怎么死了呢？"小伙子顿时不快，回敬道："这是古诗，是李商隐的绝作!""那李诗人也是无知。"两人论战得不分上下，最后不欢而散。

本来，小伙子吟诗是信手拈来，略带转文之意。而女孩却不分语言环境和情绪气氛，语言傲慢且偏激似是讥讽男友，大大地伤了男孩的自尊心和感情，这样的女人怎么能得到男人的爱恋呢?

那么，外向者在与人沟通的时候，应该注意些什么呢?

1.委婉含蓄，巧妙暗示

委婉含蓄的语言表达是一种艺术，这样的表达方式比口无遮拦、直言不讳更能体现出自己的修养。直言不讳虽然简单明了，但容易刺伤对方的自尊心，让他人产生不愉快的情绪，继而造成和谐人际关系的破裂。而委婉含蓄的表达显得礼貌得体，使对方听起来轻松自在，心情愉快，也更容易接受。当你通过语言暗示给对方的时候，实际上已经操控了其心理。

2.直言直语伤人，何不绕个弯

每个人的心理都是极其微妙的，间接比直接更能产生有效的影响效果。一针见血地指出对方的缺点，尽管你的出发点是好的，但直言直语的杀伤力却是很强的，很容易就让别人下不来台。如果你绕个弯，用言语暗示的方式来提醒对方，这样的效果远比直言直语更令人满意。

3.使用“是的……但是……”这个句式

对别人的不足方面可以先肯定后否定，学会使用“是的……但是……”句式。比如，一位职工在象棋大赛中得了冠军，但技术考核成绩却不理想，车间主任找他谈话时说：“是的，你象棋比赛得第一，使我们车间也感到光荣。但是，如果你在学技术中也同样有股钻劲和拼搏精神，技术考核成绩也会领先的，这就两全齐美了。”对方在听到夸奖时产生了愉悦的心情，这意味着他已经“掉”入了你布好的局，而你也成功地影响了他的心理。

4.永远不说“你错了”

大多数人都具有武断、嫉妒、猜忌、傲慢等缺点，所以我们难以向别人承认自己错了，事实上，每个人都有固执己见的毛病。如果对方真的错了，你想让他意识到自己的错误，也应该回避“你错了”或类似的词语。比如，当你直言不讳地指出“你错了”的时候，会给对方心理造成伤害，这也是自己不想看到的情景。

外向心理启示

性格外向者通常会将心中想法毫无顾忌地说出来，然而某些情况下会伤害到听者的自尊，影响沟通效果，甚至导致沟通失败，因此，外向者应做到谨言慎行，在开口前多考虑对方的感受。

善用故事和举例，让对方明白你的用意

在人际沟通中，外向者通常比内向者表达更直接，他们更倾向于直抒胸臆，表达直接会让听者更加直白地了解你的意思，但也可能让对方直接拒绝你，也有可能伤及他人的感情。此时，作为外向者，你可以选择婉转表达的方法。这种表达方法很多，比如讲故事和举例子。无论是讲故事，还是举例子，我们都是通过一些事例来传达自己的观点。我们先来看看下面故事中的林先生是如何让儿子接受自己的教育的：

林先生的儿子多多今年5岁，很可爱，周围的朋友和家人都对多多呵护有加。

一次，朋友小张带着女儿过来玩，林先生和小张在书房商量工作上的事情，当他们聊得正开心时，突然哇的一声，林先生听到朋友的女儿哭了，赶紧跑到客厅，此时小女孩正趴在地上，林先生赶紧问小女孩怎么回事，原来是多多为了一个玩具将小女孩推倒了。林先生立即意识到，应该对儿子进行礼让教育了。

于是，这天晚上，和往常一样，在儿子入睡前，他来到儿子床边，给他讲故事。

“多多，今天我们来讲孔融让梨的故事吧。那么，谁是孔融？孔融是孔子的第二十世孙，他是泰山都尉孔宙的第二个儿子。”

“在孔融7岁的时候，有一天，正好是他祖父的寿辰，来访的客人很多。宾客来齐后，便开始上菜，这时，端上来一盘酥梨，放在寿台上面，母亲叫孔融把它分了。于是，孔融就开始按照长幼的次序来分，而轮到自己的时候，他给自己挑了一个最小的。父亲很奇怪地问：‘为什么你给其他小孩分的都是大的，却唯独给自己留了个小的？’”

“孔融从容答道：‘人们都说，树有高低。人有老小，我们晚辈，自然要尊敬长辈，这是做人的道理。’父亲听到这一番话很欣慰。”

“有一次，父亲的朋友来看望父亲，顺道带了一盒梨子，便叫孔融跟兄弟们分吃了。孔融又挑了个最小的梨子，其余按照长幼顺序分给兄弟。父亲问，这又是为什么呢？”

“孔融说：‘我年纪小，应该吃小的梨，大梨该给哥哥们。’父亲听后十分惊喜，又问：‘那弟弟也比你小啊？’孔融说：‘因为弟弟比我小，所以我也应该让着他。’”

“听完爸爸的故事，儿子多多羞愧地说：“爸爸，我错了，我不该和妹妹抢玩具，我以后也会和孔融一样懂事的。”

这则故事中，很明显，林先生对儿子的教育起到作用了，这里，他运用的就是讲故事的方法，让儿子明白了做人应该礼让的道理。

事实上，自古以来，那些颇具智慧的大臣在向君王进谏的时候，都会采用这样的表达方式。比如，在“邹忌讽齐王纳谏”中，邹忌并没有直接说出自己的建议，而是通过举例子来表达自己的想法“臣诚知不如徐公美。臣之妻私臣，臣之妾畏臣，臣之客欲有求于臣，皆以美于徐公。今齐地方千里，百二十城，宫妇左右莫不私王，朝廷之臣莫不畏王，四境之内莫不有求于王：由此观之，王之蔽甚矣”。所以，在交谈过程中，若是遇到不好说的话或者不好表达的意见，我们也可以巧妙地通过讲故事、举例子来传达给对方，让他明白自己的用意。

当然，外向者在运用这一方法时，还应注意的是：

1.选择代表性的故事或例子

在谈话中讲故事或者举例子，都可以起到使谈话内容具体、增强说服力的作用。但是，我们在选择故事或例子的时候，需要注意其代表性。如果你讲了一个很长的故事，但却因为不具备代表性而使对方不知所云，这样就无法达到沟通的效果。

2.注意故事或例子的适当性

当我们在讲故事或举例子的时候，还需要注意其量的适当性，不能老是在谈话中讲故事、举例子。偶尔在谈话中穿插一个故事或例子，这样让人产生新鲜感，但经常使用也会让人心生厌烦。

3.注意表达的隐晦性

当我们在选择讲故事或者举例子的时候，肯定是想避免直接表达带来的弊端。因此，即便是在讲故事，或者举例子，我们也要适当注意表达的隐晦性，不能直白地在故事中阐明自己的想法。我们所需要表达的想法和意见，完全可以借助于故事或例子作婉转表达，这样才能更好地影响对方的心理。

外向心理启示

有时候，如果直接说出自己的意见或想法，对方有可能会拒绝接受，这就需要具有隐晦性而又有代表性的事例来加以表达，一方面可以省去直接表达带来的弊端，另一方面还可以增强一定的说服力，同时，这样的表达方式也更容易让对方接受，继而影响对方的心理。

将忠言说顺耳，令他人不怨恨还感激

外向者有个语言特点：说话直接。在外向者看来，良药苦口、忠言逆耳，他们认为在劝慰别人时就应该直截了当。殊不知，这样很可能因为伤害他人的自尊而令人心生怨恨。所以，外向者如果遇到他人犯错，要及时含蓄地提出批评或错误，让忠言不再变得逆耳，才能发挥应有的作用。当然这里说的含蓄应遵循不失实、不就轻的原则。

齐景公在位的时候，雪下了三天不转晴。景公披着狐皮大衣，坐在朝堂一侧台阶上。晏子进去朝见，站了一会儿，景公说：“奇怪啊！雪下了三天，可是天气不冷。”晏子回答说：“天气真的不冷吗？”景公笑了。晏子说：“我听说古时候好的君主自己吃饱了却想到别人的饥饿，自己暖和了却想到别人的寒冷，自己安闲了却想到别人的劳苦，现在您不曾想到别人啊！”景公说：“好！我受到教诲了。”于是命人发放皮衣、粮食给饥饿寒冷的人。在里巷见到的，不必问他们是哪家的；巡视全国统计数字，不必记他们的姓名。士人已任职的发给两个月的粮食，病困的人发给两年的粮食。孔子听到后说：“晏子能阐明他的愿望，景公能实行他认识到的德政。”

这段文字记述晏子同齐景公的一段对话，提醒执政要重视百姓疾苦。晏子劝谏，并不是采取直言的方式，而是从天气入手，让齐景公认识到自己不顾百姓疾苦的过失，进而产生了“我受到教诲了”这样的感叹。俗话说，伴君如伴虎，直言劝谏很可能招来杀身之祸，委婉劝谏才是既能让君王接受又能保全自己的最佳方式。

同样，外向者在劝说别人时，也要注意：如果你的意见是逆耳的，那么，你不妨改为其他说服的方式，或幽默、或含蓄地表达，让对方自己找出正确的方法，远比你直接指出来要好得多。

要想做到忠言顺耳又能说到对方心里去，你需要做到的是：

1.先讲自己的过失

若你所有的批评和建议如果只提对方的短处而不提他的长处，对方肯定会感到心理不平衡，或者感到委屈。最有效的办法之一就是先讲自己的缺点和过错。

因为你讲出自己的错误，就能给对方一种心理暗示：你和他一样都是犯过错的人，这就会激起他与你的“同类意识”。在此基础上再去批评或给对方建议，对方就不会觉得失面子了，因而也就更容易接受你的批评和建议，你的忠言也通过顺耳的方式传递给了对方。这也算含蓄的一种方法。

2.委婉表达，含蓄指出对方的过错

人都是有自尊心和荣誉感的，有的人之所以不愿接受批评或建议，主要是由于怕触伤自己的自尊心和荣誉感。为此，我们在给他人批评和建议时，如果能找到一种含蓄委婉的方法，反而更能达到使其改正错误的目的。

一家皮革厂接了一笔生意——为某私营单位生产一批皮具。双方订立合同，限定日期必须生产完成。如果到期还未完成，皮革厂须承担责任，赔偿损失。皮革厂经理原以为可以按时交工，但不料进的一批料子出了问题，必须停止生产，重新寻找材料。眼看限期已迫在眉睫，依照合同要负担相当大的损失赔偿，情急之下，皮革厂不得不派一位协调员去该单位当面交涉。

派去的协调员走进那家单位，恰好碰到了经理。这位协调员首先问道："在这个地方，尊姓是否只有你一家呢？"

那位经理听了这样一句突然的问话，惊奇地说道："什么？是真的吗？你怎么知道？"

协调员笑着说道："这是我今天早上准备到你这里来时，从电话簿上看出来的。"

经理被好奇心驱使着，随手将电话簿翻开来检查，果然不错，于是很高兴地说道："啊，这我还是第一次知道呢！如果不是你告诉我，我还不会知道这么有趣的事呢！我的姓氏本来是很少的，我的祖先从前住在××，那里与我们同姓的人家本也不多，我现在搬到此地来营业，还不到二十年。"

经理说完后，那位协调员再接着赞美那位经理办公室布置优美，业务发达，工厂的规模宏大，户品精良。那位经理听了他的话是乐不可言，并请他到厂中去参观一下，最后还邀他一同去吃午餐。

协调员在与经理用餐期间一直不提自己的来意，因为经理心中早已知道他的来意了。如果他自己提出来，经理一定会设法推托。饭后，经理忽然自己开口说道："你今天的来意，我早已知道了，想不到你对我这么宽容和气。其实，那批货我们也没那么急着要，这样，我把提货的日期再往后延迟半个月吧，请你放心好了。"

协调员的目的终于达到了。

当我们遇到这样的情况，可能会直陈对方合同的不合理性，然后直接告诉对方让其推迟提货日期。如果这样做，皮革厂就会承受一半赔偿损失。因为在你的严斥下，该单位经理可能一气之下置之不理。那么，到头来损失最大的还是自己。而这位协调员的聪明之处就在于先对该单位经理进行一番夸赞，然后让对方看清自己的目的，这样，他就在无声中完成了劝说的任务。

可见，“良药苦口利于病，忠言逆耳利于行”在日常交流中却不能成为外向者们应该运用的法则，人和人的感情不仅需要培养，更需要维护，而且规劝批评别人，正是出于维护的目的去做的，那么，何不让苦口的良药也裹上糖衣呢？把劝谏的话说甜，甜到对方心里，对方必定接受并感激你！

外向心理启示

外向者在说服别人时，也要改正太过直接的毛病，只有注意方式方法，才能做到忠言也能顺耳，才能让他人不仅不怨恨反而心生感激；而如果你坚持“忠言逆耳，良药苦口”的原则，说话过急或过火，必然会招致对方厌烦。

热情而不失沉稳，外向者说话也可以很稳妥

生活中，人们在与外向者交流的时候经常会有这样的感受：外向者热情、大方，但表达却有失沉稳，给人以不可信任的感觉。不得不说，信任的产生是沟通中最为关键的一步。通常情况下，人们对那些说话言辞中肯、措辞严谨的人更容易产生信任感。因为语言是思想的外衣，一个人是否沉稳，是否值得人相信，是可以通过语言来观察的。可见，外向者在沟通中，一定要使用稳当、富有真情言辞交谈，绝不用那些模棱两可的词，这样，才能有效表达我们的真诚，降低对方的疑虑。

很多年前，松下电器公司并没有现在的规模，而只是一间乡下的小工厂。那时候，作为工厂的领导者，松下幸之助总是亲自出门推销产

品。每次在碰到砍价高手时，他总是真诚地说："我的工厂是家小厂。炎炎夏日，工人们在炽热的铁板上加工制作产品。大家汗流浃背，却依旧努力工作，好不容易才制造出了这些产品，依照正常的利润计算方法，应该是每件××元承购。"

听了这样的话，对方总是开怀大笑，说："很多卖方在讨价还价的时候，总是说出种种不同的理由，但是你说的很不一样，句句都很诚恳。好吧，我就按你开出的价格买下来好了。"

可以说，松下幸之助的成功就在于他真诚的说话态度、朴素的语言。在他简短、毫不修饰的话语中，为客户展示了工厂工人工作的艰辛、自己创业的艰难，正因为这几句话，唤起了对方切肤之感和深切的同情。正是他的真诚，才换来了对方真诚的合作。

由此可见，一个人在说话时能否表达真诚与信任不论是对说话者还是对听话者来说都至关重要。说话的魅力，不在于说得多么流畅，多么滔滔不绝，而在于是否善于表达真诚和稳妥。通常来说，外向者在与人交谈的时候都能做到热情、大方，但过于活泼的他们很多时候会让对方产生一种有失稳妥的感觉。事实上，最会说话的人，不见得一定是口若悬河的人，而是善于表达自己真诚情感的人。

那么，从这个角度看，外向者该如何说话才能热情又不失沉稳呢？

1.语言流畅

语无伦次、前后矛盾、结结巴巴、吞吞吐吐是沟通的大忌，外向者在与人说话的时候一定要克服这种情况。应该掌握清晰、流利的说话技能，同时做到表述连贯，逻辑合理，前后衔接，将原因结果叙述清楚。否则对方不仅会轻视你，还会怀疑你说话的真实性。需要注意的是，语言流畅并不是要滔滔不绝，那样反而会带来负面作用。

2.陈述简洁，不可啰唆

简洁的语言最容易让人理解，也最能让人信任，所以陈述简洁是交谈过程中对语言的第一要求。

外向者要想获得对方的信任，就不要说话啰唆，而应该尽可能在较短的时间内，简单明了、干净利落地把比较重要的信息传达给对方。

3.表述准确，说话要有条理、有重点

我们都知道，沟通是有一定目的的，因此，外向者在与对方沟通的时候，不要一味空谈。要知道，对方在面对你时本来就抱着对待陌生人甚至是利益对立的态度，如果你说话总是切入不了主题，不仅耽搁了双方的时间，还容易让对方产生不耐烦的情绪，导致沟通的失败。说话有重点，才会让人觉得你办事有效率，精明、干练，是值得信赖的对象。

当然，在沟通中，不同阶段的沟通重点是不一样的，我们要根据具体情况把重要的信息分成几次陈述，这样才能保证对方正确理解陈述的内容。另外，表述时，我们要发音清晰，音量适中，用词尽量准确。

另外，准确、中肯的表述还需要在说话时有条有理。说话有条理才会让人觉得言之有物，有重点可言。有的人在说话时东拉西扯，颠三倒四，对方听了半天，还是一头雾水，失去了继续交谈的兴趣。说话有条理和有重点是相辅相成的，二者缺一不可。只有说话有条理性才能突出说话的重点，也只有说话有重点才能让人觉得这人说话有条有理。

比如，商务谈判中，我们卖产品就免不了要介绍产品，这时，就要在抓住重点后逐一分条列举，还要围绕某一点作出相关阐述，讲明以后，再解说下一条。这样一来，对方在听你说话时就会觉得你说话有条理性，容易听明白，能让客户对产品本身有深刻的了解，从而促成销售的成功达成。

外向心理启示

真正能打动人心的话语，才称得上是有效的，而只有表达真挚的感情的语言，才能打动人心。

利用语言的“高压政策”，使对方心弱屈服

我们生活中的各行各业都有性格外向者，外向者总是免不了要与人沟通和交涉，外向者深知沟通是为了达到一定的目的，多数情况下，用情谊去打动对方是一项重要的心理策略，而实际上，与之相对的是，还存在一种心理策略——高压政策，也就是要求外向者在沟通的时候，说些“硬”话，给对手施加心理压力，从而影响对方的心理状态和立场观点，达到有时用强有力的武力也不能解决问题的目的。

1951年5月，联邦德国的著名外交家威廉·格雷韦率领代表团在彼德斯贝格山上，同英、法、美三大国的代表，进行废除占领法规的谈判。盟国方面虽然想改善同德国的关系，但此时他们还不准备真正地放弃占领法规。他们想得更多的是同德国方面只限于达成不涉及盟国主宰权本身的契约性协议，这些协议的对象只是盟国如何行使这种主宰权，继续保留占领国的“最高权力”这个基本想法贯穿于三大国的谈判态度之中。与此相应，三大国于1951 年2月27日就向联邦政府递交了一份供讨论的单子，共有39个题目。

从 1951年5月到 8月进行了第一轮会谈，目标很有限，仅仅是：听取德国方面对这些问题的表态，并通过提问使德国的立场具体化。8月3日，会谈应以达成发表一项公报的协议而告终。可是摆在桌于上的草案中却只字未提已经商谈过的关于废除占领制度的问题。格雷韦觉得他不能拿着这么一份公报离开彼德斯贝格山。但是，经过长时间的周旋，对方丝毫没有作出让步的表示。于是，格雷韦宣布，在这种情况下，会谈不能在当天结束，因为他得到的指示不允许他签署这么一份文件。他的这一策略起到了意想不到的作用。根据日程安排，延长这轮会谈是极其不受欢迎的。然而如果不发表公报而散场，就更不受欢迎了，这将无法掩盖冲突是什么。

这个时候公开地讨论三大国极其不得人心的立场，是对它们很不利

的。所以，三大国不得不暂时休会进行内部协商，然后再继续会谈，最后，会谈取得了突破，三大国愿意寻找联邦共和国和盟国关系的“新基础”。格雷韦取得了胜利，他怀着满意的心情，趋车返回波恩。

在这次谈判过程中，面临实力强大的谈判对手，格雷韦宣布会谈不能在当天结束，因为他得到的指示不允许他签署这么一份文件。而实际上，对于谈判对手来说，这是不妥的，于是，其他三国只好商议并作出让步。最终，格雷韦化不利为有利，转败为胜，取得了谈判的胜利。

然而，现实生活中的外向者通常与人为善、语言直接，他们可能会产生疑问，说话时该怎样运用“高压政策”，并把话说“硬”呢？这里，要遵循一定的原则规范：

（1）削弱对方的原则。要达到这个目的、必须操纵对方，使己方变劣势为优势。

（2）经常抵抗或反对对方的原则。这是在不使谈判破裂的情况之下，通过对对方吹毛求疵或反对对方的意见，给对方以压力，迫使对方降低期望，以达到使对方让步的目的。

客户：“请问我买的房子，大概什么时候可以收楼呀？”

销售员：“一般情况下，是签完合同，收到首期房款三个月之后。”

客户：“要这么长时间呀，一个月时间行不行呢？”

销售员：“如果要求一个月时间收楼的话，装修人员就要赶工。您都知道慢工出细活，赶工的时候，容易忙中出错，最后影响您房子的装修质量，那就划不来了。”

客户：“噢，是这样呀。那就按正常时间收楼吧。”

案例中的销售员运用的计策就是让客户晓以利害，给对方施加了心理压力，在权衡之下，客户接受销售员提出的“不”，并同意按时收楼。

（3）创造一种竞争的姿态。比如，“这种订单我们已经接到好几份了，他们都希望得到我们的合作。”这种货比三家通常就是买方向卖方施加压力的有力措施。

外向心理启示

外向者在与人沟通的过程中，不应该一味地去迁就对方，使自己处于一种心理上的弱势地位。而应适时说些“硬”话，使对手心弱屈服，从而控制局面，让局面对自己有利。

常说有决策力的话令你获得威信与支持

现实生活中，性格外向者容易让人亲近，但却给人不沉稳的感觉，就连外向者自身也总是感叹自己所说的话没有威信和震慑力，甚至经常会让听者感到无趣、昏昏欲睡。其实，这一问题很大程度上与你的说话作风、语言习惯有关系。一个会沟通的人所说的都是有力度的，犹如大珠小珠落玉盘般达到引人入胜、催人奋进、让人警醒的效果。因此，外向者在与人沟通的过程中，修炼自己的说话风格和方式，其中，常说有决策力的话能令你获得威信与支持。

的确，与人沟通，就是要获得对方的认可和接受。可见，外向者在说话的时候，一定要讲究策略，就要“有板有眼”。从心理角度来说，人们觉得那些能自行决策的人更值得信任，更愿意支持他们。作为外向者，如果你与对方谈了一个小时都没有说出一句有决策力的话，这场交谈就是无效的。那么，我们具体应该怎样说话呢？

1.注意态度，不可目中无人

要在对方心中树立威信，你就应该在讲话过程中时刻注意一些细节问题，言谈举止中要有个人魅力，处处起表率作用。而且还要根据不同对象和不同环境发挥自己的讲话技巧，切忌态度高傲，目中无人。

2.面对不同意见，放低姿态处理

一个没有主见、被人左右的人无法得到他人的尊敬与服从。所以外向者必须维护自己的威信。因此，在与他人交谈时，应摆出兼收并蓄、取长补短、互相切磋、求同存异的姿态。特殊情况下不是忙于下结论，忙于批驳对方，而是以姿态低调，但主导性很强的话表达出自己的看法，比如：

你的意见还是不错的，但是如果换一个角度看，会怎么样？

我的想法和你不同，我们可以交换一下意见吗？

嗯，让我考虑一下，我们可以明天再谈这个问题。

这样的话语不失威严而且易于被对方接受。

3.尽量最后表态

中国人是最具有“重点置之于后”的心理因素的。所以在沟通中，外向者不要为了表现自己的口才而抢着说话，越是最后说话越有权威。

在与他人谈话时，应该让对方充分地把意见、态度都表明后，自己再说话。让对方先谈，这时主动权在我们这一边，可以从对方的说话中选择弱点追问下去，以帮助对方认识问题，再谈自己的看法，这样易于让对方接受。在对方讲话时自己思考问题，最后作出决断，后发制人，更能让对方认可我们的说话能力从而信任我们。

4.注意表达

外向者要想说话有威信，除了要注意自己的态度和说话的方式外，还需要注意表达方法。

①说话要言简意赅、长话短说。句子说得短一些，不仅说起来轻松，听起来省力，吸引力也强。

②说话一定要有条理，要吐字清晰，语速适当。在说话时要坚定而自信，力度要适中，注视着对方的眼睛，这样才显示出自己是充满自信和颇有能力的。如果讲话时眼睛不敢正视对方，会使同事觉得你意志薄弱，容易支配。

③要学会用幽默的风格讲话。幽默的话，易于记忆、又能给人以深

刻印象，正是自我标榜的商标。尤其在工作场合，一般是不适宜开玩笑的，但是如果你能够恰当地开几句玩笑，恰恰说明我们的特殊地位。

一次，张主任召集全单位人员开会，当时会场比较嘈杂，听众情绪还未安定。张主任这样开头了：“有个笑话说，张飞和关羽参加一次刘备召开的军机会议，当时大家正交头接耳，刘备无法讲话。张飞说：‘哥，看我的。’于是他用在长坂坡喝退曹军的大嗓门吆喝一声，结果大家并没有安静下来。关羽说：‘小弟，你那手不行，还是看我的。’于是，他便坐在刘备的位子上，捋须凝目，似有所思。这下子大伙儿觉得奇怪，倒安静下来了。其实，这只是个笑话，刚才大家交头接耳，现在为什么静下来了？这个问题留给大家思考，我今天所要讲的主要内容是……”

生动贴切的故事，立刻引起了听众的注意，会场很快安静下来了。

从张主任这番话中，我们发现，有时候，绝对的权威并不能起到正面的作用。我们要树立威信，的确需要说一不二，但在气氛严肃的时候，语言幽默更能营造谈话气氛。

5.不要害怕承认错误

你会对某些人企图推卸自己的错误所花的脑筋和时间之多感到惊讶，其实这都是没有必要的，一个人不可能总是正确的。如果有百分之六十是正确的， 而他又能迅速改进其他百分之四十，那他就是非常了不起的人，大多数人尊敬那些直截了当承认错误的人，这是大人物的特点。

外向心理启示

外向者在说话时要想树立威信，让对方产生信任感，就要讲究策略，注意说话方式、常说有决策的话更易达到这一目的。

下篇

激发外向者的心理潜能

[第7章]
外向者的自控力心理策略

人生在世，我们每个人都渴望有一番作为，当然也包括那些外向型性格的人，外向者天生有着成功者的品质，比如勤奋、努力、耐挫力强等，在不少领域，外向者也总是展现出他们出类拔萃的一面。然而，并不是所有的外向者都取得了最后的成功，其中主要原因之一就在于是否有自控力。我们可以说，那些最有力量的人是能掌控自己的人，掌控自己才能掌控自己的人生。而所谓自控力，即自我控制，指对一个人自身的冲动、感情、欲望施加的控制。其实学会自控并不难，外向者只要学会控制自己的心，因为自控力本身由心而来，只要你遇到事情多想想要不要去做，后果会怎样，相信你就一定能控制自己的言行。

美好的人生建立在自我控制的基础上

前面，我们通过分析了解到，外向者的个性优势中有一点：他们有着更强的意志力，能屈能伸，在挫折和困难面前，外向者也比内向者更有奋起直追的勇气。同样，在自控力方面，外向者也要发扬这一优点，自控力是个人意志力的一个重要方面。古人云："天将降大任于斯人也，必先苦其心志，劳其筋骨，饿其体肤，空乏其身，行拂乱其所为，所以动心忍性，增益其所不能。"古之成大事者，往往都能做到"动心忍性"，而这种自制力的来源就是自控心理，一个人只有认识自我，才能战胜自我、超越自我。

金无足赤，人无完人，人最大的敌人是自己。只有战胜自我的人，才是真正的强者。很多时候，一个人是否有自控心理，是否有自控力，它的意义就好像汽车的方向盘对于汽车一样。不难想象的是，一个汽车，如果没有方向盘的话，它就不能在正确的轨道上运行，最终只能车毁人亡。而一个自控心理强的人，就像一个有着良好制动系统的汽车一样，能够在很大程度上随心所欲，到达自己想要去的任何地方。因此，我们可以说，美好人生，就是从自控心理开始的。

保罗·盖蒂是美国的石油大亨，但谁也没想到的是，他曾经是个大烟鬼，烟抽得很凶。

曾经有一次，他在一个小城市的小旅馆过夜，半夜的时候，他的烟瘾犯了，就想找一根烟抽，但他摸了摸上衣的口袋，发现是空的。他站起来，开始在包里、外套口袋里寻找，可是都没有。于是，他穿上衣服，想去外面的商店、酒吧等地方买。没有烟抽的滋味很难受，越是得不到，就越想要，他当时就是很想抽烟。

就在盖蒂穿好出门的衣服，在伸手去拿雨衣的时候，他突然停住了。他问自己：我这是在干什么？

盖蒂站在门口想，一个应该算得上相当成功的商人，竟然在半夜要冒雨、走几条街去买一盒烟？没一会儿，盖蒂下定了决心，把那个空烟盒揉成一团扔进了纸篓，脱下衣服换上睡衣回到了床上，带着一种解脱甚至是胜利的感觉，几分钟就进入了梦乡。

从此以后，保罗·盖蒂再也没有抽过香烟，当然他的事业越做越大，成为世界顶尖富豪之一。

这里，我们看到了一个真正的强者，他懂得约束自己的行为，懂得为自己的所作所为负责。这样的人必定能在人生道路上把握好自己的命运，不会为得失越轨翻车。

生活中的外向者们也要认识到这一点，一个人的自控心理和自控力如何，直接关系到他在人生路上走得是否平衡，那些有所成就者必备的特质之一就是自控力强。相反，生活中，外向者可以发现，一些人之所以会做那些让自己后悔的事，归结起来，大多是因为自制力薄弱，抵挡不住诱惑，因此做了不该做的事。

的确，自控心理能帮助我们抵制很多不良习惯，如懒惰、拖延等；能缓解不良情绪，如冲动、愤怒、消极；能抵御外界形形色色的诱惑，等等。如果你无法自我控制，那么，那些不良的行为和情绪就会占据主导地位，从而控制你。你很快就会失去奋斗的激情、学习的动力，甚至会偏离人生的正确方向，误入歧途。

外向者可能也听过这样一句话："上帝要毁灭一个人，必先使他疯狂。"这句话的意思是，一个人，一旦失去自制力，那么，他离灭亡也不远了。的确，一个人连自己的行为都不能控制，又怎能做到以强烈的力量去影响他人，获得成功呢?

那么，对于外向者来说，该如何培养自控力呢?

1.结果比较法

你不妨也学习那些成功人士思考问题的方式，让自己的心静下来，多分析分析事情的前因后果：如果多花些时间学习，会取得什么样的结果；如果贪玩，把时间花在上网、玩游戏、吃喝玩乐上，又会有什么样的结果。关于这些问题的比较，其实，你可以列出一个表，在表里我们填下现在忍耐吃苦的话，将来会获得什么快乐；现在就急于求乐的话，将来会承受什么痛苦。比较之下，你就能看到事情的不同面和不同结果，自然也就知道现下的自己该做什么了。

2.强者刺激法

这种方法需要你首先选定几个你认为已经很成功的人，比如，比尔·盖茨、戴尔·卡耐基、松下幸之助、李嘉诚、李政道……当然，你也可以选择一个你认为学习方法很好的人，了解一下他们是怎么勤奋工作学习的。有了这种行为样本，你就会想到那些人正在干什么，你也就可以自觉取舍了。

3.行为惯性法

比如你可以规定自己在一段固定的时间内，只能做哪些事情。例如，每天晚上十一点（睡觉前），喝一杯牛奶，这是很容易做到的，你的头脑会渐渐地变得愿意执行任务。养成习惯之后，你再逐步加入一些难度大的任务，当一切形成习惯之后，自制力也就随之形成了。

外向心理启示

性格外向者要想获得成功，就要懂得自制。唯有自制的人，才能抵制诱惑，有效地控制自身，把握好自我发展的主动权，驾驭自我。一个人除非能够控制自我，否则他将无法成功。

克制冲动，自制力让你更沉稳

在大多人看来，外向是一种好性格，然而，任何事情都不是绝对的，物极必反，一些外向者也有不少缺点，其中就有爱冲动的毛病，他们太过情绪化，甚至做出让自己后悔的事。我们也不难发现，在生活中，一些因为琐事而与他人大打出手的人也不乏那些性格外向者。

我们知道，人都是情绪的动物，我们的情绪会被周围的人和事所影响，但成功的人能做到自控，做事不冲动；而失败的人则相反，他们性情散漫、毫无节制，总是受自己的情绪摆布，而情绪总是依环境氛围而变幻莫测。于是，他们起伏动摇于这种恶性失衡之中，做事时陷入自相矛盾的境地。这种过分轻狂不仅毁掉了他们的意志，也殃及了他们的判断力，干扰了他们的欲望和理解力。也许你也是一名年轻气盛、容易冲动的外向者，但请记住：冲动是魔鬼，会让自己一败涂地，从现在起，一定要做到自制，理智思考并克服自己的情绪。

小罗在他们公司工作多年了，业绩一直很不错，也深受领导们的赞赏，但是最近恰恰遇上了一件让人不开心的事情。小许联系到一个客户，这客户也有点怪异。开始的时候说先打3000元定金的，但客户打了2990元，直接扣了手续费！然后经理就找小罗谈话，说这客户怎么能这样合作呢？同时也提醒小罗交货的时候一定要把余款收回来！恰恰交货的时候客户说没钱。说是过两天给转账。小罗心想，客户也不会因为余下的几千块钱跑了吧？就没有收货款回到了公司。这下惹得经理不高兴了。问小罗为什么不把钱收回，如果收不回来又怎么办？小罗耐心地解释给经理听，但是经理一句话都听不进去！小罗说如果客户第二天没给钱，他会天天打电话催的！当天事情也就过去了！

在那款没收回来的时候，小罗可就没有安静的日子过了，经理是一到公司就让小罗催客户的货款！三天过后客户把余款汇了过来，可小罗却觉得自己的这几天像是在煎熬中度过！因为经理每天都让他催款。最后毅然决定辞职！心想出去后找份工作很容易。结果小罗出去后才知道不是他所想的那样。如今心里非常后悔当初因一时的冲动而离职！

可能生活中，有很多人和案例中的小罗一样，因为一时冲动，做出后悔的事。所以，我们不管在做任何事的时候都需要多一份冷静的思考！

俗话说：态度决定一切。这就是说，一个人的情绪糟糕，容易冲动，往往会把一切事情都办糟糕。即使遇到了好事和良机，也会因为不良的情绪，使自己产生出无形的压力，使自己的能力无法充分发挥，错过这些机遇。

这一启示告诉外向者控制自己的情绪，克服冲动，收获一种健康心态极为重要，对此，你可以做到：

1.转移

转移的含义就是，你应该将你的注意力转移到那些让你高兴的事情上去。

2.分解

你可以将你的烦恼分解，然后将这些分散后的问题一个个解决，那么，那些看起来无法解决的烦恼自然就迎刃而解了。

3.弱化

其实，在你看来的那些令人无法释怀的烦恼其实并不是什么原则性的问题，你把问题看得太重，它又怎么轻得了？

4.体谅

你还在为别人的错误而生气吗？生气就是对自己的一种惩罚，原谅了别人也就饶过了自己。另外，将对方看作一个客观存在的事物。

5.解脱

这就需要你跳出当前的令你烦恼的问题，站在另一种角度看，你会发现新的角度，也就能对问题作出新的理解。例如，塞翁失马，焉知非福，就是经典的解脱思维。

总之，外向者要记住，一个理智的人不管遇到什么事情，不管被人如何“挑衅”，都会保持冷静的头脑，会让理智驾驭自己的情绪，体现自己的大家风范。而相反的是，在怒火中燃烧的你，发现周围人的眼神了吗？发现对方已经被你深深伤害了吗？发现你那恐怖的表情了吗？

外向心理启示

外向者在生活中，也难免会遇上各种各样的事情，遇到事情的时候你可能也会冲动，甚至会做出自己都不知道该不该做的事情，因此也就会产生许许多多的埋怨！在不管遇到什么事情的情况下，冷静地让自己思考一下，哪怕只是短短的几秒钟，也许结果就完全不一样了！

关键时刻忍得住，幸福人生不后悔

在性格分析中，我们不难作出推断，相对于内向者而言，外向者更易产生冲动的情绪，但无论引发你情绪的导火索是什么，外向者都要记住，冲动是魔鬼，会让自己一败涂地，从现在起，一定要做到自制，理智思考并克服自己的情绪。

有人说，人生漫漫，谁都不要让自己输在心态，心态决定人生，也决定了人的生活方式，懂得自制，这就会控制由冲动带来的一系列恶性循环。心情好，就什么都能做好。

曾经有这样一个故事：

曾经，有一个经验丰富的高级间谍被敌军抓住了，他立即想到，要想逃脱，就必须装聋作哑。当然，敌军也怀疑他是否真的不会说话。于是，他们开始运用各种方法盘问他，无论是诱惑还是欺骗，他都不为所动。于是，到最后，敌军审判官只好说："好吧，看起来我从你这里问不出任何东西，你可以走了。"

这个间谍心里当然明白，这只不过是审判官检验他是否真说谎的一个方法而已。因为一个人在获得自由的情况下，内心的喜悦往往是抑制不住的，如果他此时听到审判官的话后立即表现出很愉快或者激动起来，那么，证明他听得到审判官的话，那么，他就不打自招了。因此，他还是站在原地，反复审问还在进行。最后，这名审判官不得不相信，他真的不是间谍。

就这样，有经验的间谍的生命，以他特有的自制力，保存下来了。

看完这个故事，外向者可能也会惊叹：多么精明的间谍。

俗话说：态度决定一切。这就是说，一个人的情绪糟糕，容易冲动，往往会把一切事情都办糟糕。即使遇到了好事和良机，也会因为不良的情绪，使自己产生出无形的压力，使自己的能力无法充分发挥、错过这些机遇。

然而，我们也可以看到，在很多领域，外向者都能做到游刃有余，发挥出色，并且，他们在实力不足时能做到自我克制，忍耐让他们集聚实力，最后厚积薄发，实现自己的目标。

相传，勾践战败后，他接受了大臣文种的建议，收买了吴国太宰伯丕向夫差称臣纳贡求降，越王和王后到吴国给夫差为奴做妾。夫差答应了，却在吴国对勾践夫妻极尽羞辱，勾践在夫差面前一副感恩戴德五体投地的奴才相，嘴里还感激夫差不计前嫌以德报怨，宽宏仁慈。勾践在夫差面前表现得十分恭敬，称自己为贱臣，小心翼翼，百依百顺。夫差要上马，勾践就跪下来让夫差踏在自己的背上。夫差生病了，勾践在夫差面前寝食难安，问病尝粪，嘴里一边吃着夫差的大便，还一边说出自己的忠诚之志："恭喜大王，大王的病就快好了。"

就这样，勾践以自己的忠诚打动了夫差，终于夫差下令让勾践回到越国。勾践回到越国之后，立志要报仇雪恨，他唯恐眼前的安逸消磨了自己的志气，于是在吃饭的地方挂上一个苦胆，每逢吃饭的时候，就先尝尝苦味，并问自己："你忘了会稽的耻辱了吗？"他还把席子撤去，用柴草当作褥子，这就是后人一直传颂的"卧薪尝胆"。

在吴王夫差面前，勾践简直跟奴才差不多，甚至比奴才还卑贱，不仅受到了夫差的百般侮辱，而且嘴里还感激夫差不计前嫌以德报怨，并自称"贱臣"。这样的姿态，比委曲求全更甚，自己所受的侮辱和苦难那不是普通人能及的，但勾践都一一忍耐下来。其实，他早就有了复国大计，之所以在夫差面前百般受辱，那是为了赢得夫差的信任，这样自己就可以早日回到越国去施行复国大计。那看似的委曲求全，实则是一个计谋，勾践早已经将整个计划运筹帷幄于股掌之间。于是，这才有了广为流传的"勾践灭吴"的故事。

那么，生活中的外向者能做到这样的忍耐吗？因此，你需要掌握这方面的两种训练方法，以此来做到自制：

1.自我暗示

积极的自我暗示的作用在于使自己获得信心，进而提高自制力。但是，消极的自我暗示却正好相反。自我暗示最好在似睡非睡的状态下进行。在你从事紧张活动之前，使自己进入安静舒适、昏昏欲睡的松弛状态，然后反复默念一些建立信心，给人力量的话，会起到一定作用。

2.自我激励

无论干什么，全靠自觉。自觉往往指的是自己获得一种动力去积极行动。怎样才能获得一种动力去积极行动呢？这就要学会自我激励。自我激励即给自己提出任务、自己奖励自己、自己给自己提出任务、自己给自己奖惩、自己命令自己、自己做自己的司令员、指挥员。自我激励的方式有：

①制订切实可行的计划，安排好必须做好与可做可不做的事情，然后作出奖惩规定。

②写出座右铭，时时勉励自己。

③ 常写日记，在日记中进行自我监督。

④口头命令。每遇困境或身临危急之时，要学会自己指挥自己。通过口头命令，可以组织自身的心理活动，获得精神力量。不妨训练一下，定会有益。

外向心理启示

一个人的意念可以控制调节一个人的心理状态。自制力，很大程度上就表现在意念控制上，其中就包括头脑的清醒与理智。作为外向者，只有时刻保持理智，才能掌控自我，收获幸福人生。

做人不要太孤傲，“低姿态”并不是放弃尊严

在这个错综复杂、五彩缤纷的世界上，不同的人有不同的命运，有的人一生乐观豁达、与世无争，他们谦虚好学，平步青云，一路欢乐，让人赞扬和钦佩；而有的人则骄傲自满、处处受阻，最终导致郁郁寡欢，碌碌无为，抱恨终生，遭人非议、鄙视、唾弃。很明显，我们都愿意选择做前者，其实，这两种人生境遇的差异，究其原因，是为人“调”不同，低调做人是一种生存的大智，是一种韧性的技巧，是做人

的一种美德。

不得不说，外向者比内向者有着更强的社会适应能力和人际交往能力，但外向者在人际交往中也容易迷失自我、缺乏一定的自我控制能力，为此，外向者要记住的是，在各种社会大潮的冲击下，需要保持清醒的头脑。做人不要太孤傲，在成就面前，不要利令智昏，让虚荣心钻了空子，天外有天，人外有人，有时候，不经意间，你会发现，你需要学习的还有很多。

美国有位牧师，第二天要去进行一次隆重的布道演讲，但踌躇再三，一直找不到合适的讲题，偏偏他的小孩又在旁边捣乱。他就拿了一张世界地图，几下将它撕成碎片，交给小孩，说："如果你能将这张地图拼好，我给你两块钱。"小孩高高兴兴地就拿过去了。牧师心想：这张地图够孩子忙上几个小时了，自己也正好准备一下演讲。岂料不到几分钟，小孩就兴高采烈地跑出来，说地图已经拼好。牧师接过一看，果然一张完整的世界地图又呈现在眼前，他奇怪地问："你怎么能这么快就拼好了呢？"小孩回答："地图反面是一张人头像，我把人头像拼好了，地图也就当然拼好了。"

从这个案例中，我们发现，人们常常有这样的思维模式，自己小有成就，自己的下属、晚辈毕竟不如自己，但事实并不是如此，任何人身上都有值得我们学习的地方。

天才作家卡里·纪伯伦在《贪心的紫罗兰》一文中讲了一则故事：玫瑰花听到邻居紫罗兰的哀叹，便笑着摇了摇头说："在百花群里，你最糊涂。你身在福中不知福。大自然赋予你其他花草都不具备的芳香、文雅和美貌。你要知道虚怀若谷的人，永远不会感到贫困和饥荒，且心胸开阔无比高尚。"

而现实生活中，一些外向者有这样的表现：在他们的眼里，谁都不如自己，目空一切。也许他们是有很多过人之处，但任何人都不是全才，如果停止了学习的脚步，就会故步自封，止步不前，甚至被社会淘汰。而只有取人之长补己之短，才能不断完善自己，少走很多人生的弯路。

如何放低姿态，外向者可以从以下几个方面做起：

第一，在行为上要低调。

（1）深藏不露，是智谋。过分地张扬自己，就会经受更多的风吹雨打，暴露在外的椽子自然要先腐烂。一个人在应酬中，如果不合时宜地过分张扬、卖弄，那么不管你多么优秀，都难免会遭到明枪暗箭的打击和攻击。

（2）时常有人稍有名气就到处扬扬得意地自夸，喜欢被别人奉承，这些人迟早会吃亏的。所以当处于被动境地时一定要学会藏锋敛迹、装憨卖乖，千万不要把自己变成对方射击的靶子。

（3）才大不可气粗，居功不可自傲。不可一世的年羹尧，因为在做人上的无知而落个可悲的下场，所以，才大而不气粗，居功而不自傲，才是交际的根本。

（4）做人不能太精明。低调做人，不要小聪明，让自己始终处于冷静的状态，在“低调”的心态支配下，兢兢业业，才能做成大事业。

（5）规避风头，才能走好交际路。老子认为“兵强则灭，木强则折”“强梁者不得其死”。老子这种与世无争的谋略思想，深刻体现了事物的内在运动规律，已为无数事实所证明，成为广泛流传的哲理名言。低调做人，便可峰回路转。在待人处世中要低调，当自己处于不利地位，或者危险之时，不妨先退让一步，这样做，不但能避其锋芒，脱离困境，而且还可以另辟蹊径，重新占据主动。

第二，在言辞上要低调。

（1）不要揭人伤疤：不能拿朋友的缺点开玩笑。不要以为你很熟悉对方，就随意取笑对方的缺点，揭人伤疤。那样就会伤及对方的人格、尊严，违背开玩笑的初衷。

（2）放低说话的姿态：面对别人的赞许恭贺，应谦和有礼、虚心，这样才能显示出自己的君子风度，淡化别人对你的嫉妒心理，维持和谐良好的人际关系。

（3）说话时不可伤害他人自尊：讲话要有分寸，不要伤害他人。

礼让不是人际关系上的怯懦，而是把无谓的攻击降为零。

（4）得意而不要忘形：得意时要少说话，而且态度要更加谦卑，这样才会赢得朋友们的尊敬。

（5）祸从口出，没必要自惹麻烦：要想在办公室中保持心情舒畅的工作，并与领导关系融洽，那就多注意你的言行。对于姿态上低调、工作上踏实的人，上司们更愿意起用他们。如果你幸运的话，还很可能被上司意外地委以重任。

（6）莫逞一时口舌之快：凡事三思而行，说话也不例外，在开口说话之前也要思考，确定不会伤害他人再说出口，才能起到一言九鼎的作用，你也才能受到别人的尊重和认可。

（7）耻笑讥讽来不得：言为心声，语言受思想的支配，反映一个人的品德。不负责任，胡说八道，造谣中伤，搬弄是非等，都是不道德的。

（8）说话不可太露骨：别以为如实相告，别人就会感激涕零。要知道，我们永远不能率性而为、无所顾忌，话语出口前，考虑一下别人的感受，是一种成熟的为人处世方法。

外向心理启示

过去的成绩与失败，毕竟都已经成为过去。外向者要记住：时刻保持理智的头脑，成绩面前不盲目自大，事故面前不怨天尤人，始终保持良好的心态做好正在做的事。

识破也别冲动点破，给人留点情面

我们都知道，与内向者做事、说话的委婉相比，外向者通常更直接，他们不懂得绕弯子，更喜欢将内心想法直接表达出来。如果你是一名外向者，你可能有过因为说话直白而得罪人的经历。要知道，中国人最重视面子，面子就是尊严，伤什么不能伤面子。生活中，如果有人在公共场合侃侃而谈、发表自己的见解时候，而你却无意识中发现对方的观点存在问题，你是如何做的？当对方向你炫耀在单位人缘如何好，领导是如何倚重他的，而就在刚才你还听到他同事对他的抱怨，此时的你，又是如何做的？

面对这些，聪明的人往往会选择装糊涂的方式，他们会看穿不说穿，因为们深知，人都是要面子的，给人留情面，才能赢得好人缘。

从前有个笑话，说有个男人是“妻管严”，在家为了讨妻子高兴，在纸牌上写了3个大字——“怕太太”，每天回到家里就挂在脖子上。有一天，家里来了客人，他竟忘了摘下，被客人看见了，惊问怎么回事，这位老兄当时只好说：“我老婆怕我呗，我为了让她知道这一点，就让她天天看着念‘太太怕’。”

正在这时，妻子推门而入，听到了丈夫的话，这位先生窘得满脸通红，不知道如何说才好，此时的妻子赶紧说：“老公，你把咱家这点丑事都抖落出去了，我多没面子呀！”丈夫一听，松了口气，对妻子投去赞许的目光，而在场的其他人，也对男人竖起了大拇指，一个个取经，问这位先生是怎么做到的。

案例中的女人是机智的，她发现丈夫为了给自己解围，把这三个字倒过来念，这与事实情况完全是不符的，但为了给丈夫面子，她并没有拆穿丈夫，而是配合他把戏演完，面对这样明理的妻子，恐怕这个丈夫每天将“怕太太”的纸牌挂在脖子上都是愿意的。

日常生活中，我们评价一个人够不够朋友，往往看他“会不会给我们留面子”，假如一个人能把这种种“面子”都熟稔了，都做到了，在朋友们眼里，他就算是个很会做人的人了。这样的人，往往在人际交往中如鱼得水，而那些说话、做事不经过大脑的人，常常会因为一不小心伤了朋友面子的人，自然失道寡助。

当然，看穿不说穿、给他人面子，不是让我们委曲求全，而是在恰当的时间，适当的场合，给他人体面的自尊。所以，聪明的外向者们不妨偶尔装装糊涂，不要总是试图表现自己的精明，因此，即使你发现了对方言行中的某些问题，你不但不能指出来，还要不露声色地认同他，对此，你需要做到如下三点：

1.找个借口，帮对方找一个台阶下

如果对方陷入了交际的窘境，你千万不要落井下石、取笑他了。你应该为他打圆场——换一个角度或找一个借口，以合情合理的解释来证明对方有悖常理的举动在此情此景中是正当的、无可厚非的和合理的，这样一来，对方的尴尬解除了，正常的人际关系也能得以继续下去了。而我们在无形中与对方的友谊也更加深厚了。

2.转移话题，制造轻松气氛

人与人毕竟是不同的，即使是朋友关系，也会因为意见不合、观点不一致而争论，在一些问题上互不相让。此时，你只有作出退让，才不至于将问题恶化，而最巧妙的方法就是转移朋友的注意力。

当彼此之间为了某个问题争得面红耳赤，僵持不下时，可以适时说一句“要把这个问题争得明白，比国家足球队赢球还难”；或者说一个笑话，让双方的情绪平缓下来，在轻松的气氛中让尴尬消失殆尽，使交际活动得以顺利进行。

3.不要与朋友争抢光彩

一个精明的英国人曾经说过：“一个人在世界上可以有许多事业，只要他愿意让别人替他受赏。”有时候，我们要学会牺牲个人荣誉，你可以让他代你接受因你的设想或发明而得到的荣誉。如果你与你的朋友关系十分牢固，你会发现这种做法将有利于长远的利益和奋斗目标的实现。而如果你为了一己之利，把朋友的功劳抢了，脸是露了，但却失去了更为宝贵的友谊。

外向心理启示

社交生活中，为他人留面子是维护感情的最有效方式之一，日常交往中，外向者要学会从善意的角度出发，以特定的话语去调节人际关系，帮他人维护面子，即便识破也别冲动点破，这样可以使我们在交际场合左右逢源。

“和”字值千金，别控制不住翻了脸

中国人常说：“家和万事兴”“‘和’字值千金”，以“和”为贵，可见“和”在人际关系中的重要性。相对于内向者而言，外向者更擅长人际交往，也更在意自己给他人留下的印象，然而，不少外向者却因为控制不住自己的情绪而与对方产生冲突和矛盾。当然，也有一些修养良好的人，他们对世间万事万物都能泰然处之，即使“兵临城下”，也不会愤怒，这并不是因为他们没有情绪，而是因为他们更能权衡好不良情绪给自己和他人带来的不利影响，并且，他们能做到控制自己的情绪。而这样的人也能得到他人的认可，因为他不会让自己的负面情绪伤害到身边的人。同时，他也成就了自己美好的修养和品质。

每一个外向者，都要努力成为这样有修养的人，心胸宽广，自然也就不会因为一点点小事愤怒，他们会以微笑和包容对待侵犯自己的人，相反的是，很多人总是以牙还牙，骂得脸红脖子粗，还不肯罢休，其实他们不知道，背后已经有很多人在议论自己了，自己的形象早已荡然无存。

小徐是一家医院的护士，在一天的日记中，她这样写道：

“周六那天早晨来了一个女的带一个小孩来挂水，那女的穿的还有模有样的没想到素质很差。那天天气一点都不热，大概只有27摄氏度。她一来就把输液室的空调打开了，她也不顾其他病人就开了。开就开了我也没讲什么，但是她倒好，开空调却把我们的门窗全开了。我就说‘你开空调至少要把我们的窗户关一下’。我也没觉得我说的有什么过分，那女的立马来一句‘好玩呢，不是你来关了吗？你自己的事情不做，要我做啊’？听到这话，我真气得够呛，但是我还是忍了，毕竟有其他病人在，吵起来对其他病人也不好，我就没讲话走了。过了10分钟陆续有病人换地方挂水了（都嫌冷），有的病人就讲那女的素质差。可能是她听到了病人的议论还是自己冷了，她又把空调关了。关了之后，刚好我在给一个病人挂水，她趾高气昂地来一句‘哎，等你弄好，过来带我把窗户开开’。我听的气死了，她一副命令的口气，好像是应该的。刚好那会儿很忙，我自然是没理她。我也生气，凭什么帮她开窗户啊，她又不是病人，何况那么傲气。又过了10分钟，她居然很没修养地冲到我们治疗室来了，冲着我就来了句‘你忙好了吗，忙好了还不带我来开窗户。我们客人到你家来还要我开窗户啊’！当时真的很想骂她，想想算了，跟这种没有修养的计较只能显得我的修养也不高。说实话上班这么多年这种女人还第一次碰到，素质太差了。”

也许，案例中的小徐是个外向型性格的人，在她遇到的这件事中，她的确很生气，可是她没有对那个女人发火，没有愤怒，从而保全了自己的形象，相反，如果面对这样一个素质差的女人，与她“对着干”，或许她能泄一时之气，可是事后呢，医院的人会认为小徐的修养不好，品质不好，也给人留下一个“泼妇”的形象。

可见，愤怒了，随便发泄，破坏人际关系，也伤害自我形象。但如果强控愤怒，对身心健康不利。当自己怒火中烧，或者成为别人发泄愤怒的对象时，怎么办？

你要尝试着让自己冷静下来，然后问自己，是什么让你愤怒？找到原因，你就能想办法解决。如果每天让你产生坏情绪的是同样的人或者同样的事，那么，你就能避开很多头疼的问题了。

人们在发生争执时，都想让自己说的话成为最后一句，却看不到事情正变得一发不可收拾。要管理愤怒首先要对生气的过程进行控制，而不是怎样处理愤怒失控造成的严重后果。如果你能做到让对方说最后一句话，这样就会缓和争执，不至于产生更糟的结果。

现代社会，因为不会冷静处理愤怒而导致失败的人比比皆是，而那些会冷静处理愤怒的人永远都能站在事业的顶峰。所以，让我们一起养成冷处理愤怒的好习惯，这必将使我们受用一生。

那么，具体来说，外向者该怎样做到控制自己的情绪而不至于翻脸呢？

1.暂时走开

暂时走开可以使生气的你平静下来，但具有很强的侵略性和好斗个性的人倾向于对任何刺激都作出对抗性反应，而不是摆脱和走开，他们这样的性格必将导致最终的失败。

2.转移自己的注意力

在气头上，你很容易就会被冲昏了头，从而走上情绪的不归路，因此首要之务，就是先为自己的情绪降温，这话说来容易，该怎么做到呢？你可以转移自己的注意力。例如，“一、这个茶杯是黄色的……二、他穿的毛衣是黑色的……”，数十至十二种物体的颜色，之后你会发现自己冷静多了。

另外，如果你因为某件事或某个人而感觉心情烦躁，注意力无法集中，就不要强迫自己做事。这时不妨看电视、听音乐或找些事情做，以转移对烦恼的过度注意。

所以，面对愤怒，选择冷处理是有利于问题的解决的。采取冷处理，意味着要控制愤怒的强度和持续的时间。如果你总想对付那些引发你愤怒的人或者事物，那你就无法管理好自己的愤怒。只有采取自我控制，放弃不满和委屈，这样才能做到冷处理，管理好愤怒。

外向心理启示

失去冷静是很容易的，但时时刻刻都能保持冷静却是很难的。从根本上说，保持冷静就是在愤怒控制住你之前你控制住愤怒，也就是有意识地控制情感进而不让其随心所欲地发展。

外向者遇到误会别急切，平心静气好好沟通

我们知道，不少外向者都是急性子、直肠子，在人际交往中常常因为说错话、办错事而导致了人与人之间的误会，一些不谙人情世故的外向者甚至因为急于解释而引发了更深的误会。此时，他们会感到苦恼，该怎么消除误会呢?

的确，人与人相处的时候，难免会产生一些误会。我们也不能小瞧误会，它随时可能吞噬你周围的一切，甚至你自己。因为误会，可能会让你的朋友对你的人品产生怀疑；因为误会，你的上司可能认为是你的疏忽为公司造成了损失；因为误会，曾经相恋多年的恋人形同陌路……可见，误会常常会给别人带来痛苦，造成伤害，也给自己带来伤痛。

现实生活中，不少外向者都被误会搅得焦头烂额，其实，要想摆脱这种负面情绪，你不必急切，只需要尽快平心静气地沟通即可。

小倩已经毕业一年多了。毕业后她就一直在这家公司的客服部门工作，功夫不负有心人，一年多的努力换来了一个主管的职位。正因为她是从大学生过来的，刚踏入社会，她一个人打拼，也没有人帮助她，所以，她对那些新来的职员都特别好，能帮上的她都义不容辞。

就在小倩当上主管后不久，客服部来了一个新手，是个很单纯的女孩，正巧和小倩是一个大学毕业，这下子小倩更加怜惜。而且，那女生很听话，办事能力也很强，无论是小倩交代到的，没交代做的，她都

能做得很好，小倩仿佛看到了当年的自己，她把那女孩当亲妹妹一样照顾。由于小倩的力荐，上司对女孩的表现也很满意。可是让小倩没想到的是，这女孩居然以怨报德，出卖了她。事情经过是这样的：

经过几个月的相处，小倩对女孩已经是无话不说，那时候直接领导小倩的还有一个上司，这个上司为人还好，就是业务能力上有点差，小倩对她倒也没什么意见，就是闲聊时和这个女孩随便说了几句。

有一段时间，公司客服部频频接到投诉电话，为了解决这一问题，小倩作为主管，制订了新的客服计划，本来在会议上都已经通过了，但是第二天她的上司却通知她计划取消。当时，小倩很生气，当着全体员工的面通过的计划，怎么说取消就取消呢？她很想向上司发火，说几句顶撞的话。不过几年的功夫没白练，她忍住了，她敲开了上司的门，走了进去，很耐心地问："我想知道原因。我觉得这个方案真的不错！"

上司看了她一眼："你是不是翅膀硬了，觉得自己能力已经在我之上了？"小倩一愣，想起了前天对那个女孩说的话。根据她多年的经验，她意识到自己被出卖了！于是她稳住了自己说："每个人都有自己的特点，在策划上您可能没有我强，但是在管理上，我却没有您有能力！这就是为什么您是领导，我是下属。"这话领导听了，还挺受用。领导看了小倩一眼，叮嘱她说："你不要光顾着工作，要小心身边的人。"

小倩是聪明人，当然明白上司这话是什么意思，她同时也知道了，自己的策划被通过了。但是关于那个女孩，她并没有怪罪于她，但她觉得这个女孩还是不聪明，因为她很快就知道了女孩两面讨好的用心。

案例中的主管小倩和领导之间的误会就是他人挑拨的，而当领导发脾气的时候，幸亏小倩能压住怒火，没有爆发，并及时找出了原因，解开了误会，否则小倩就中了同事的离间计。

可能有不少外向者会有这样的疑问，如果被误会了，该怎么做呢？

1.找出被误解的原因

造成误解主要有几种原因：表达信息或说明某些事情时言辞不足；不管什么事，都顾虑过多，过分小心翼翼，从不发表意见；如果在公众场合，你衣冠不整，言谈举止不拘小节，会让周围的人产生不好的印象，且会造成误解；纵然是玩笑话，若造成对方的不快，会导致意想不到的误解，或者是一句安慰、感激的话，如果对方接受的方式不同，也可能会变成误解……

对此，你必须下一番功夫内查外调，搞清楚对方的误解源于何处，否则任凭你费多少口舌，也不会解释清楚。搞不好，还会越描越黑，弄巧成拙。

2.消除自我委屈情绪

出现误会，很可能会有委屈的情绪，此时，你很可能着急为自己辩解，从而造成越解释越乱的情况。实际上，你应该冷静下来，多从对方的角度想想，他为什么会误会你？用什么方法才能真正消除误会？考虑好这些情况，才能让你心平气和地表明心迹，最终消除误会。

3.一纸书信让对方更从容

外向者固然有敢于表达的优点，但为了让对方感受到你的真诚，你可以采用书信解释的方法，因为面对一封信要比面对当事人从容得多。但要注意，写信时要注意自己的措辞，尽量简短、明了，态度温和、诚恳，有表达和好的意愿等。

4.鼓起勇气，当面说清

不难否认的是，一些外向者是胆怯的，遇到问题不敢面对，结果，被人误会也不敢当面澄清，对此，你必须记住，对于要向对方当面澄清的问题，你一定不要找借口推脱，一定要战胜自己，当面表明心迹。

当然，为了不造成这不必要的损失和遗憾，你要尽量避免误会的产生，不要轻易地误解他人，更不要被别人误解。

外向心理启示

面对误会，不少外向者总是控制不住自己的情绪并急切地解释，实际上，在没有平息情绪之前急于消除误会很有可能造成更深的矛盾，因此，外向者有必要做到自我克制和调节情绪，然后寻找合适的时机加以解释。

[第8章]

外向者的情绪心理策略

众所周知，人是情绪化的动物。人们每天都在经历各种各样的事情以及这些事情给我们带来的诸多感受。在这种情况下，人们产生了情绪。一些人常常会因为一点小事而受到影响，坏情绪会使人食欲不振、精神萎靡、思维迟钝，而外向者天生积极乐观、能屈能伸，因此，他们有着更强的情绪控制能力。我们也发现，在生活中，卓越的成功者多半性格外向，他们活得充实、自信、快乐，而那些平庸的失败者过得空虚、窘迫、颓废。究其原因，仅仅是因为这两类人控制情绪的能力不同。如果你是一名外向者，那么，你要记住，只有善于控制自己的情绪，才能找到自信的源泉，走向成功的彼岸。同样，也只有善于控制情绪，才能找到开启快乐的钥匙，拥有幸福快乐的人生。

理智思考，外向者要学会掌控自己的情绪

我们都知道，人是情绪化的动物，七情六欲，人皆有之。高兴时开怀大笑甚至手舞足蹈，愤怒时咬牙切齿甚至会暴跳如雷，忧郁时茶饭不思甚至彻夜难眠，悲伤时心情抑郁甚至痛心疾首。我们都希望人生路上总是拥有好心情，但人生本身就如天气，不但会有晴天，还有阴雨天，我们无法改变天气，但却可以拥有一颗坦然之心，学会掌控情绪，也就掌控了自己的命运，否则，命运只会被情绪掌控。

前面，我们已经分析过，相对于内向者来说，外向者更关注外在世

界，甚至可以说，一些外向者的喜怒哀乐都与周遭的人和事有关，也就是，外向者的情绪更多变，他们常把情绪挂在脸上，也常常陷入情绪的旋涡中。为此，任何一个外向者都应该明白一点，如果你不能控制自己的情绪，不仅会为自己带来一系列的麻烦，还有可能影响心理健康，保持自己的心灵健康，就应努力控制自己的情绪，做情绪的主人。

的确，人的情绪也如同一架机器一样，一旦失控，就不能正常运转，最终会导致人们陷入失败的沼泽。我们先来看下面一则故事：

某年，美国举行了一次大型的大学生橄榄球赛，其中，就有夏威夷大学队与怀俄明大学队对抗。

比赛快到中场时，这两支队伍很明显已经有了胜负之分，夏大惨败，比分为0：22，几乎是溃不成军。

当这些队员进入休息室时，他们颓废极了，因为很明显，他们就要输了，意气风发的他们怎么能承受？他们的教练狄克·屠迈看着这群孩子没精打采的样子，心里想，如果不调整他们的情绪，那么，想要赢得比赛估计就真的没希望了。

这时，屠迈急中生智，想到一个办法，他拿出一张海报，这张海报上面贴满了多年来他收集的剪报文章，每一篇都是从落后分数到扭转败局，最后赢得胜利的故事。

队员们看完这些报道后，屠迈决定慢慢帮助孩子们重建信心。果然，他所做的工作是有效的。在下半场，夏大队员个个如猛虎下山，掌握全场的主动权，使怀大队未得1分，终场以27：22获胜。

夏威夷大学队获胜的根本原因是什么？根本原因就是教练屠迈调整了队员们的情绪，由沮丧变得亢奋，由垂头丧气变得信心百倍，从而扭转败局。

掌控自己的命运首先就要掌控自己的情绪。心理学认为：情绪是指伴随着认知和意识过程产生的对外界事物的态度，是对客观事物和主体需求之间关系的反应。包含情绪体验、情绪行为、情绪唤醒和对刺激物的认知等成分。

的确，当你努力工作却不被上司认同，你是继续忍气吞声还是炒了老板的鱿鱼？婚姻中，你常和爱人吵架，你是选择离婚还是坐下来和爱人好好谈谈？当有人冒犯你时，你是暴跳如雷还是宽容一点？各式各样的行为反应就是“情绪”！它就像影子一样时刻与我们相随。

美国心理学家南迪·内森指出：一般人的一生平均有十分之三的时间处于情绪不佳的状态，每个人都不可避免地要与消极情绪作持久的斗争。安东尼·罗宾也有句名言：你有什么样的感觉，你就有什么样的生活。的确，人感觉到的，就是所拥有的，人感觉到的越多，所拥有的也就越多。

其实，人生路上，谁不会遇到一些困难呢？今天的悲伤也可能预示着明天的快乐，现在的大雨滂沱也可能预示接下来的满天彩虹，然而，只有好心情、积极的情绪，才会有健康、积极的人生，才会结出幸福的果实！

为此，你需要做到：

1.学会换位思考，也就是要理解对方，理解爱

每个人都有自己的情感世界，都希望得到别人的理解，也希望理解别人。理解是一座桥梁，是填平人与人之间鸿沟的石土。

比如，在你和他人发生争执的时候，特别想驳倒对方，或者希望对方主动承认缺点，总之，在解决类似的问题时，是否“体谅”对方会直接导致不同的结果。

2.养成为他人着想的习惯

比如，你兴致勃勃地参加朋友的生日聚会，却遭到他人的冷落或者冒犯，此时，你要尽可能以博大的胸怀宽容对方原谅对方，而不是无论对谁无论对何事都要针锋相对都要斤斤计较。当然，能够原谅对方的前提是，你必须是一个习惯为他人着想的人。

总之，作为外向者，你应该发挥自己能屈能伸的个性优势，无论如何，你都要学会调整自己的心情，学会以善良之心看待与他人的摩擦，并且，你要明白生活中难免会发生不愉快的事情。为此，在你人生成长

的路上，你也应该警醒自己，豁达为人，那么，你的人生旅途就会越走越宽。

外向心理启示

作为外向者，当别人对你的缺点提出批评甚至是指责时，当你为一件小事和别人发生矛盾时，当你感到生活压抑、心情不愉快而想发泄时，你一定要学会控制自己的情绪，让你的大脑冷静下来，让你胸中的惊涛骇浪平静下来，把你的粗嗓门压下来，把你要伸出去的拳头收回来。

随遇而安，别让焦虑困扰了你

我们都知道，相对于性格内向者而言，性格外向者有着更强的适应能力，如果到了一个新环境，外向者能在最短的时间内与周围的人打成一片，而内向者则会封闭自己的内心。也就是说，外向者更能做到随遇而安。这一优点，外向者同样应该运用到情绪管理方面。然而，在我们的生活中，不少性格外向者常常因为忙碌的、紧张的生活变得内心焦躁不安，他们常常会担忧：要是我失业了怎么办？同事不喜欢我怎么办？我好像老了……令他们焦虑的问题实在太多了，而这些情绪会一直纠缠着你，哪有快乐可言？而那些快乐者，他们始终能淡然面对一切，每天都开心地生活。

因此，外向者需要明白的是，很多都是明天才会发生的事，当下的你只有摆脱这些恐惧和焦虑，才能以最好的状态迎接明天。

医学教授们认为，心理不健康是导致身体不健康的主要原因。比如，有人在身体不适时，就认为自己得了重病，整天陷入恐慌之中，其实，也许这些只是小病或者根本就没有病， 只是他的恐惧心理在作怪。心病还须心药医，只有消除恐惧，保持心理健康，才能让身体也健康起来。

事实上，很多时候，面对一些问题即使你再怎么琢磨，事情也还是会按照既定的轨道往前发展。既然你所忧虑的问题是我们无力改变的，那么，我们与其在无所改变的焦虑中度过每一天，还不如坦然面对，快乐地度过每一天。

布鲁尼是一名癌症患者，已经是晚期了，医生宣布他只有一年的生命。在得知自己生病之前，布鲁尼的性格非常内向，过于胆小谨慎，总是担心很多东西。让人惊讶的是，当得知自己身患不治之症之后，布鲁尼突然想开了，他变得豁达开朗，坦然地接受疾病。布鲁尼没有选择接受治疗，因为到了癌症晚期，治疗只能缓解疼痛，除此之外，没有任何用处。很久以来，布鲁尼一直很向往到世界各地走一走，看一看。当得知自己只有一年的生命时，布鲁尼毅然决然地放弃了一切身外之物，他还卖掉了自己的房子，选择了环球旅行。跟着一艘大船，布鲁尼走遍了世界各地，最后，他来到了中国。很久以来，布鲁尼一直对中国功夫很好奇，尤其是气功。到了中国之后，他找到了一个深山之内的寺庙，跟随那里潜心修行的高僧每日坐禅。经过一段时间的坐禅，布鲁尼惊讶地发现自己原本日渐衰竭的身体居然渐渐地恢复了力量。他每日跟随大师吃斋念佛，坐禅诵经，一年多过去了，他已经领悟了很多佛家的道理，精力和气色也越来越好。不过，既然已经放下了，布鲁尼并没有欣喜若狂地去医院检查自己是否已经战胜了癌细胞，而是继续在自己的最后一站——这座中国深山中的古庙里安心地吃斋念佛，坐禅诵经。

我们不得不怀疑，布鲁尼是不是已经在彻底放空自己之后战胜了癌症。当然，答案很有可能是肯定的。其实，癌症是一种心因性疾病，长期的紧张、焦虑、不安，特别容易导致癌症。反之，假如一个人积极、乐观、开朗，能够心胸豁达地面对凡尘俗世，自然就少了很多烦恼，身体也会更加健康。

现代社会，竞争激烈，面对瞬息万变的环境，内心焦虑往往看不清楚真正的自己，也就不能及时察觉自身的缺点，不能用最快的速度修正自己的发展方向，也必然会在学业和事业中落伍，被无情的竞争所淘汰。

那么，你是否是个容易焦虑的人呢？你是否很容易忧虑？你是否像林黛玉一样多愁善感？你是否因为天气不好而心情烦躁？你是否会莫名奇妙地悲观沮丧？每当周围有人在吵架的时候，即使与你无关，你是否也会变得烦躁、紧张？你是否经常感到惶恐不安？面对众多的选择，你是否总是无所适从，很难下定決心？在回答这些问题的时候，如果你有三个以上的答案都是肯定的，那么，显而易见，你是一个对外部环境非常敏感的人，你很容易受到外物的影响。

那么，接下来你要做的事情就是学会冥想，为自己建立一个强大的心灵屏障，学会从淡定的生活态度中获取能量。这样一来，外界的消极情绪、负面能量就不能轻而易举地影响到你，从而，你可以更加平静地生活、工作，变得更加从容淡定。

其实，在这个方面人们应该像新生婴儿学习，虽然他们每天都无所事事，除了吃喝拉撒睡，就是自言自语，但是他们丝毫不会觉得枯燥，更不是着急、焦虑。究其原因，是因为婴儿的心灵非常纯净，就像一张白纸，他们把所有的注意力都集中在着急的身心之上。那么，怎样你才能使自己更加专注、淡定呢？首先要学会放空，让自己专注于身心。那么，什么叫放空？假如把人们的大脑比喻成一个容器，那么，放空就是把这个容器中使你焦虑不安的事情都忘记，或者把那些使你紧张得夜不能寐的情绪统统释放出去，取而代之的是淡定、豁达。

总之，作为外向者，你必须认识到，生活在这个世界上，很多事情都是人力所不能改变的，你也需要发挥开朗的个性特点，快乐地度过每一天。曾经看到过一句话，大意是说，把每一天都当成是世界末日，努力地、用心地过好每一天。

外向心理启示

在人生旅途中，不少人为明天而焦虑，他们担心明天的生活，明天的工作，但实际上，这只不过是杞人忧天，作为外向者，你也要做到随遇而安，因为谁也无法预料到明天，我们所能掌控的只有当下。

正视痛苦，外向者该比他人更勇敢

前面，我们已经分析过，相对于内向者来说，性格外向者更能做到能屈能伸，在逆境中也更勇敢。同样，面对人生的痛苦，外向者也更应该发挥这一个性优点，因为只有正视痛苦，才能忘记昨天，重新上路。的确，人生就如变幻莫测的天空，刚才还晴空万里，转眼间阴云密布、倾盆大雨。但这些都是上一秒发生的事，人要向前看，不管过去多么悲伤失意，过去的总归过去，只有向前看，才会有希望。

有这样一篇日记：

“刚开始的几天心里面真的很难受。我是一个很固执的人，认为自己再也走不出记忆了。现在我都不太清楚那些天是怎么样过来的，曾经我强迫自己去忘掉，可是越是这样，那些画面在我的脑中越清晰。悲伤、难受这些词根本无法诠释我当时的心情。也不知道是从什么时候开始我接受了这个事实，不再刻意地去想以前，我努力地生活，努力地让自己快乐，我关心着身边的每一个人。渐渐地让自己走出来了，偶尔听别人提到他，也忍不住去关心一下他，但是我知道这已经与爱情无关了。”

恐怕很多人在爱情路上都曾受过伤，也都有过这样一段“痛苦”的经历。人活于世，谁都有不愿提起和想起的伤心往事，这被人们称为“旧伤”。它不像电脑程序一样可以被人删除、剪切，它只能靠我们自己来修复。然而，要做到这一点，就需要坚强这种品质。

外向者天生是乐观者，面对痛苦，他们能做到不逃避、不沉溺，因为外向者比内向者更勇敢。

坚强不仅是一种勇气和品质，更是一种理智和智慧，它告诉我们如何去享受生活，如何去调节自己的心情，找到让自己更快乐的秘籍。面对挫折和磨难，我们不应该过分地沉溺于痛苦和悲伤之中，更不应该迷茫或迷失方向。现实生活中，经历些风雨，遇到些磨难，遭遇些挫折，都是很平常的事。若因一时受挫而放大痛苦，灰心丧气，自卑绝望，自弃沉沦，那将会错失良机、终生遗憾。

著名潜能开发大师迪翁常常用一句话来激励人们进行积极思考："任何一个苦难与问题的背后，都有一个更大的幸福！"这是他的招牌话，他有个可爱的女儿， 但一场意外，让这个可爱的小女孩失去了小腿。当迪翁从韩国的演讲赛上赶到医院的时候，他第一次发现自己的口才不见了。可是女儿却察觉父亲的痛苦，就笑着告诉他："爸爸！你不是常说，任何一个苦难与问题的背后，都有一个更大的幸福吗？不要难过呀！这或许就是上帝给我的另一个幸福。"迪翁无奈又激动地说："可是！你的脚……"

小女儿非常懂事地说："爸爸放心，脚不行，我还有手可以用呀！"

听了这样的话，迪翁虽有几分心酸，可也欣慰不已。

两年后，小女孩升入中学了，她再度入选垒球队，成为该队有史以来最厉害的全垒打王！因为她的腿不能走路，就每天勤练打击，强化肌肉。她很清楚，如果不打全垒打，即使是深远的安打，都不见得可以安全上垒。所以唯一的把握，就是将球猛力击出底线之外！

这是一个乐观积极的小女孩，在最艰难的时刻，她留给人们的依然是微笑，因为她相信父亲的那句话"任何一个苦难与问题的背后，都有一个更大的幸福"，于是，灾难变得不再可怕，而她本人也更有能力面对那场艰难的挑战。

那么，作为外向者，我们该怎样从心理的角度"修复"那些旧伤呢？

1.承认痛苦的存在

哈佛大学本·沙哈尔教授曾说过："我也有不快乐的时刻，因为我们是人。"的确，我们强调要追随自己的内心，选择快乐，但这并不代表痛苦不存在。因此，要拥有好情绪，我们就不能过于苛求生活。

2.不要强迫自己去忘记某件事情，把一切交给时间

忘记任何一件痛苦的事，都需要一个过程。因此，有时偶尔会想起它，其实也无妨。当你想起它时，你可以对自己说：那都是过去，看我现在多快乐啊！相比过去而言，现在的我是多么地幸福啊……人要往前看，往好处想，这样，随着时间的流逝，那些过去也就真的成为"往事"了。

3.转移注意力，不给"旧伤"复发的空隙

你可以从现在起把你的时间排满，做一点别的事情来转移自己的思想。打开你的生活圈子，关心你的朋友、你的亲人。这样你会觉得快乐，痛苦的回忆也就无处藏身。

4.找到适当的发泄方式

你可以试着找真诚的朋友听你诉说心里的苦闷，多听听他人的意见，多从积极而乐观的角度去想事情，微笑着看待生命中的每件事。同时，你也可以找到其他适合自己的放松和发泄方式，比如逛街、欣赏音乐、跳舞、跑步、看书等。

可见，乐观豁达的态度，无论对于外向者自身，还是生活在我们周围的人，都能带来积极的情绪、带来成功。思维心理学专家史力民博士指出："乐观是成功的一大要诀。"他说，失败者通常有一个悲观的"解释事物的方式"，即遇到挫折时，总会在心里对自己说："生命就这么无奈，努力也是徒然。"由于常常运用这种悲观的方式解释事物，无意中就丧失了斗志，不思进取了。

外向心理启示

生活不会亏待任何一个热爱它的人，生命是一次航行，自然会遇到暴风骤雨，那么，我们该如何驾驶生命的小舟，让它迎风破浪，驶向成功的彼岸？这需要勇气，需要以一种平常心去面对！

气大伤身，秉持平和心态解决问题

在对外向者的性格分析中，我们发现，在与人打交道的过程中，他们更和善，更易与人建立友谊，即便遇到不平事，他们也很少将气闷在心中，而是积极寻找方法解决。的确，我们在日常生活中，会遇到各种各样的事情，但如果我们遇到不合自己心意或不顺心的事时就发脾气、不分清红皂白地指责人家，或者生自己的气，那么，只会让自己陷入糟糕的情绪中。其实此时，我们更应该冷静下来。因此，任何一名外向者都应该把修炼平和心态作为自己学习情绪管理的重要一课，只有这样，在遇事时才会做到理智思考。

张阿姨身体一直不好，有心脏病，还经常失眠，而最近，隔壁装修工人经常大清早就来了，夜间失眠的张阿姨好不容易睡着，又被吵醒了。为此，张阿姨的儿子很生气，要去对面理论一番。

谁知道，第二天早上，对面邻居就敲开了张阿姨家的门，张阿姨从厨房走出来，这位邻居急忙上前作揖说："大妈，我今天来，是想说声对不起，我今天才知道您心脏不好，昨天打扰到您了，不过您放心，我给民工定了规矩，早上8点半到中午11点半，下午2点半开始最晚到6点半，如果违反我就扣他们的工钱。这是我的名片，他们如果做得不好您就给我打电话。"

第二天，这些民工果然很守规矩，而且很会办事，用电钻、电锤时就过来告诉张阿姨一声，让老太太有个思想准备。以往楼里一家装修全楼倒霉，不仅有噪音，楼里楼外又脏又乱。而这家的装修工人却把废料装在编织袋里，整齐地码放在楼角处。每天都有专人打扫楼道。由于有严格的工作时间，两居室足足装修了两个多月，时间确实长了点，可没招来邻居一句抱怨。

为此，张阿姨对儿子说："多为人家想想，就没什么可生气的。"

案例中的张阿姨和她的邻居想必应该都是外向者，他们都能做到从对方的角度考虑，也为此避免了一场邻里之间的矛盾。

要做到不生气，就需要外向者历练平和的心性。当我们发自内心地替别人着想时，同时自己心里的烦恼也能得到解脱和排遣。

事实上，生活中，我们经常会遇到一些令人气愤的事，那些心胸宽大的人都能做到控制好自己的情绪，操纵好情绪的转换器，不仅会显其大家风范，获得尊重和敬仰，也会收获到很多快乐。

马克·吐温说："世界上最奇怪的事情是，小小的烦恼，只要一开头，就会渐渐地变成比原来厉害无数倍的烦恼。"而对于心态平和的人来说，在烦恼面前，他们不会愤怒，因为他们深知，愤怒是十分愚蠢的行为，只会让自己陷入糟糕的情绪循环之中。

对于外向者来说，你应把控制自己的情绪、抑制自己的愤怒作为修炼自己良好性格的重要方面。当你遇到了不快的事情即将要发火时，请告诉自己，如果我原谅他了，我的品质又提升了一步。自然就压制住了要发火的倾向。

正所谓，退一步海阔天空，忍一时风平浪静。宽容就是不计较，事情过了就算了。每个人都有错误，如果执着于其过去的错误，就会形成思想包袱，不信任、耿耿于怀、放不开，限制了自己的思维，也限制了对方的发展。

一个智者这样说过："你必须宽容三次。你必须原谅你自己，因为你不可能完美无缺；你必须原谅你的敌人，因为你的愤怒之火只会影响自己和家人；在寻找快乐的路途中，最难做到的或许是你必须原谅你的朋友，因为越是亲密的朋友，越能于无意中深深中伤你。”我们常常的确是对别人太严厉了。世俗的舌头，我们更习惯用它在人群中掀起风雨。每个人都在企图证明：我是对的，而你是错的。而宽容待人，就是在心理上接纳别人，理解别人的处世方法，尊重别人的处世原则。

那么，你是否曾因为朋友无意中的一个过错而耿耿于怀？你是否因为想证明自己的观点而对朋友恶语相向？如果是，请考虑一下对方的感受吧！人总有自尊心，没人会愿意被人直指短处。更何况，我们所想的真理，其实可能正是他人认为的谬误。

外向心理启示

平和是一笔无形的财富，作为外向者，一旦你能做到心性平和，就会变得善良、真诚，它会帮你亮起一盏绿灯，帮助你在工作和生活中通行。

宽容对待他人，放下是对自己的救赎

在日常生活中，我们难免与别人产生误会和摩擦，此时，外向性格的你是怎样做的呢？一些人会选择仇恨或报复，然而，这仇只会让我们获得一种暂时的快感，而之后的日子中，我们都将在悔恨和内疚中度过，因为我们内心的良知在不断地谴责我们，以至于我们永远地戴上了道德的枷锁。但我们若是懂得忍耐，学会宽容，以德报怨，我们的余生就不会在悔恨中度过了，而人生的道路反而会越走越宽阔。

一天，迈克尔正走得好好的，边走边把竹条缠绕在身上玩儿，一不小心，竹条的一端脱了手，当时，迈克尔正在木桥边，正对着大门，农民罗宾逊的儿子在那里放了一罐水，准备挑回家。正巧，迈克尔的竹条弹回来把水罐打翻了，但是，罐子并没有破碎。迈克尔急忙赔礼道歉，谁知道，罗宾逊的儿子跑过来就开骂，丝毫不理会迈克尔的解释，突然，罗宾逊的儿子抓住了迈克尔的竹条，将父亲送给自己的漂亮竹条折扭了。

这竹条是父亲送给自己的，如今扭成了这样子，迈克尔十分生气，满脸通红，不停地咕哝着：“我一定要报复他，我要他从心底感到后悔。”好朋友约翰逊正好从那里经过，他好奇地问道：“谁？你要报复谁呀？”迈克尔抬头一看，见是自己的好朋友，便笑了起来，把自己的遭遇完整地讲述了一遍。听了迈克尔的“发泄”，约翰逊笑着说：“他的确是个坏孩子，但是，他已经受到了足够的惩罚，没有人喜欢他，他几乎没有什么朋友，也没有什么娱乐，这就是对他的惩罚，也足够你对他的报复了。”迈克尔却执意说：“那竹条可是父亲送我的礼物，那么漂亮的竹条，我只是无意间打翻了他的罐子，我一定要报复他。”

约翰逊无奈地说：“好吧，迈克尔，不过我认为你不要理会他会更好些，因为轻视就是你对他最大的报复了。”说完了，约翰逊想起来一个故事：“有一次，罗宾逊的儿子看到了一只蜜蜂在花丛中飞来飞去，就想把它抓住再揪掉它的翅膀，可是，他很倒霉，蜜蜂蛰了他一下，然后又安全地飞进了蜂巢，他被疼痛激怒了，就像你现在这样，他发誓要报仇。于是，他找来了一根棍子，朝蜂巢捅了几下，顿时，一群蜜蜂飞了出来，向他扑去，蛰得他浑身上下都是伤痕。你看，这样的报复并不会得到最后的胜利，所以，我劝你不要计较他的鲁莽，他就是个坏孩子，比你厉害多了。”

听了约翰逊的故事，迈克尔点点头：“你的建议的确不错，那么跟我一起到父亲那儿去吧，我想告诉他事情的真相，相信他不会生气。”迈克尔将事情的真相告诉了父亲，父亲十分感谢约翰逊给儿子的忠告。

过了几天，迈克尔又碰见了罗宾逊的儿子，他正挑着一担重重的木柴朝家里走去，结果，不小心跌在了地上，爬不起来。迈克尔跑过去帮他捡起了木柴，小罗宾逊感到十分愧疚，心里难受极了，为自己以前的行为感到后悔。而迈克尔则高高兴兴地回家去了，他想：“这才是最绅士的报复，以德报怨，对此，我怎么可能感到后悔呢？”

生活中，对于他人无意或有意犯下的过错，我们要以德报怨，学会谅解，放下心中的愤怒和仇恨，给予对方一个宽容的拥抱。

外向者更具宽容之心。人际交往中，他们之所以能得到更多的人的支持，就是因为他们不和仇恨较劲。的确，宽容是一种美德，是对犯错误的人的救赎，也是对自己心灵的升华。不要总是想着对方如何得罪了你，给你造成了多少损失。想想对方是不是值得你如此发火。他是故意的还是无心的？平日待你如何？给对方一个机会，就是给自己一个机会。对于一些人，原谅，远远要比惩罚更有效。也许只是一时的失误，也许只是一闪而过的邪念。人总有犯错误的时候，不要过于苛刻。这样才能走出人生低谷！

仇恨是重负，一个人不肯放弃自己心中的仇恨，不能原谅别人，其实就是自己在仇恨自己，自己跟自己过不去，自己让自己受罪！仇恨越多的人，他也就活得越苦。一个人没有仇恨之心，他才能活得快乐！因此，外向者们，从现在起，如果你心头有恨，不妨放下吧，你会发现，你就像卸下了一块大石头一样。

可见，放下仇恨，也就拯救了自己，生活中的许多小摩擦、小误会、小睚眦更应该放下，如果你不喜欢在现实的生活中遇到的同事、朋友、邻居、陌生人等，何不尝试放下你心中不愉快的想法和做法，与人为善，也就是与己为善；与人方便，也就是与己方便，或许你会因此活出自己的新天地。

不过，宽容说起来简单，可做起来并不容易。“包容”，归根结底，根源于爱和理解。只有心中有爱，我们才能以同情的态度对待他人，才会充分尊重他人的立场和见解。只有心中有爱，才能消除彼此的敌视、猜忌、误解；而爱的荒芜和消亡，将使最亲密的人彼此伤害、仇视以致兵戈相向。

外向心理启示

如果对他人产生仇恨之意，仇恨便会悄悄成长，最终会堵塞通往成功的路。如果仇恨是火的话，这团火藏在你的心里，而你一直仇恨的对象却在你的心外，那么这团火就在烧着你自己的心，而对方只能感受到一点点热度而已，所以，放下仇恨吧，远离仇恨，学会宽容，那么也就是在宽容自己。

压力不是坏脾气的借口，学会释放压力

生活中，不少性格外向者都抱怨压力大，压得自己喘不过气来。其实，有压力，才有动力，压力带给你的不仅仅是痛苦和沉重，还能激发你的潜能和内在激情，让你的潜能得以开发。然而，我们也看到，不少人也包括那些乐观积极的个性外向者，他们常常因为压力而向周围的人发脾气，不但使自己陷入糟糕的情绪中，还损害了人际关系，因此，面对压力，外向者要记住，你应该学会自我调节，否则，你只会被压力压得喘不过气来。

有这样一个故事：

夜幕降临了，酒吧的角落里，一个美丽的女人坐在那里独饮，她神情阴郁，眼里充满了忧伤。

一个男士远远地看着：这女人一定是失恋或是婚姻受了打击，如果我过去安慰她，或许会有故事发生。想着，这个男士就过去请求陪女人喝酒。女人答应了，边饮边告诉男士她在公司遇到了不开心的事。男士体贴地听着，安慰着，劝说着。时间慢慢过去了，漂亮女人的脸上有了笑容。男士在心里想：女人会用什么方式感谢自己呢？正在想入非非时，漂亮女人说："非常感谢你安慰开导我，现在我要回家了，我老公

还在等我。曾经我们相约过两个人不能把坏心情带回家，所以我在酒吧里想把不快消散，结果遇到了你，非常感谢，再见！”说完，漂亮女人回家了，留下了一脸惊愕的男士。

故事中的这个女人是明智的，正如她所说的，我们不要把不快带回家。的确，我们每天走出家门，就要面临高强度的工作和复杂的人际关系，我们的心情难免会受到影响。有人认为，家是应该呈现真实的地方，应该是避风港，心情不好时，就应该在家中得到宣泄，用不着压抑自己。因此，他们一回到家，就开始咆哮、宣泄起来，结果家人便成了他们的出气筒，家笼罩在一片痛苦之中，造成了家庭的情绪污染，一家人都高兴不起来。

生活中的外向者们，可能现在的你也因为繁重的工作压力而烦躁不安，但你绝不能因此对你的家人、朋友发脾气，你可能会问，该如何缓解压力呢？请记住以下几点：

1.交几个知心朋友，向朋友倾诉

研究压力方面的心理学专家说：“女性其实是一种很需要别人支持的群体。所以，对于女性而言，强大的后备力量就显得尤为重要了。”其实，不只是女人，我们任何人都需要朋友，更需要知心朋友，举个很简单的例子，当你不小心把手割伤了，你一定会寻找创可贴之类的药物，而同样，当我们遇到不开心的事时，我们也会不由自主地寻找可以为我们打气的人。

因此，当我们心情压抑的时候，不妨找个倾诉的对象，人的情绪受到压抑时，应主动把心中的烦闷苦恼都说出来，如果长时间压制的话，就会给人们的身心健康带来危害，尤其是那些性格内向、不善交际的人，他们多半是无法靠自己的力量做好自我调节的，因此，可以选择通过向信赖的好友倾诉来排遣的。有些事情其实并不像当事者想得那么严重，然而一旦钻进牛角尖，就越急越生气，如果请旁观者指导一下，可能就会豁然开朗，茅塞顿开。

每天为生活劳累的人们，如果你把你的压力和困扰告诉朋友，可以让你觉得舒服些的话，这未尝不是个减压的好方法。把你的压力说出来，也许你会觉得舒服很多。那么你也可以找一些可以信任的朋友，一起出去喝喝咖啡，把你的困扰告诉他们。

2.调整心态，变压力为动力

同样是压力，有些人会觉得被压得喘不过气来，有些人却能将压力踩在脚下。其实，压力的存在也能锻炼个人能力，关键看我们怀有怎样的心态。

美国麻省的艾摩斯特学院曾做过这样一个很有趣的实验：

他们在一个小南瓜的周围拴上了很多铁圈，目的是把小南瓜整个箍住，以观察南瓜长大时能承受多大的压力。

刚开始时，他们估计南瓜最多能承受500磅左右的压力。第一个月，他们发现南瓜已经承受了500磅的压力。到了第二个月，南瓜承受了1500磅的压力。而当它承受的压力达到2000磅时，研究人员就必须把铁圈捆得更牢了，否则南瓜就会将铁圈撑断。最后，整个南瓜承受的压力超过5000磅，瓜皮才破裂。

然而当他们打开南瓜后发现，南瓜已经不能吃了，因为在试图突破铁圈包围的过程中，它的果肉已经变成了坚韧牢固的纤维。为了吸收足够的养分以突围，它的根须延展到了整个培植园。

在压力面前，植物为了生存，会让自己变得更强，其实，作为人也一样，唯有压力才会使得我们不断改变自己，充实自己，使自己强大起来。

3.提升能力，疏解压力

有时候，你觉得工作压力大，就是因为能力不足，而提升能力的方法有很多，比如自学、参加培训等，当你拥有了处理问题的能力后，压力自然也就疏解了。

4.做好工作和生活中的平衡，别把压力带回家

工作是工作，生活是生活，把工作中的压力带回家，不仅让你自己得不到休息，你的家人也是如此。聪明的人在回家之后，从不思索工作

中的烦心事。

5.要有充足的睡眠

你应该合理分配单位工作、学习、休息的时间，做到劳逸结合，把握好工作节奏。

总之，外向者面对压力，不必抱怨压力太大，压得自己喘不过气来，也不必逃避，其实，有压力，才有动力，压力带给我们的不仅仅是痛苦和沉重，还能激发我们的潜能和内在激情，让我们的潜能得以开发。因此，面对压力，我们最好采取一些分解的方法，这样，我们的意志力和自控力也会被调动起来，不但能变压力为动力，还能提升自身的能力。

外向心理启示

作为外向者，压力绝不能成为你发脾气的借口，我们不妨让内心“开放”一点，当感到心里有压力、悲伤、愤怒、怨恨等情绪滋生时，要进行合理的宣泄，在正确的疏导下，不良情绪便会慢慢消失。

[第9章]

外向者的工作心理策略：开朗与执着就是你的王牌

现代社会，大部分人都要参与工作，外向者也是如此，相对于内向者而言，外向者在做事的过程中缺乏耐性，容易出现三分钟热度的现象，专注力不强，然而，他们更会借助他人之力完成工作，针对这些优点和不足，外向者应做到扬长避短，并掌握一些心理策略，要知道，一个开朗与执着的人，一定做事踏实稳重、能赢得他人的支持和肯定，结果必定能事半功倍！

将多方面的热情专注到一个方面

我们都知道，性格外向者有很多优点，但他们也有一些缺点，其中足以影响外向者成功与否的就是他们缺乏耐性。一些外向者涉足很多领域，但却总是没有成果。相比之下，内向者做事更专注，他们总能静下心来做手头事而不被打扰，这一点是需要外向者学习的。

然而，在现实的工作中，不少外向者都会因为克服不了浮躁之气而最终失败。艾森豪威尔说："在这个世界，没有什么比'坚持'对成功的意义更大。"的确，世界上的事情就是这样，成功需要坚持。雄伟壮观的金字塔的建成正是因为它凝结了无数人汗水的结晶；一个运动员要取得冠军，前提就是必须要坚持到最后，冲刺到最后一瞬。如果有丝毫松懈，你就会前功尽弃，因为裁判员并不以运动员起跑时的速度来判定他的成绩和名次。

伊格诺蒂乌斯·劳拉也有一句名言：“一次做好一件事情的人比同时涉猎多个领域的人要好得多。”托马斯·爱迪生曾说过：“成功中天分所占的比例不过只有1%，剩下的99%都是勤奋和汗水。”的确，一个人在太多的领域内都付出努力就难免会分散精力，阻碍进步，最终一无所成。做事容易三分钟热度的外向者，只有专心致志于一行一业，不腻烦、不焦躁，埋头苦干，不屈服于任何困难，坚持不懈，才能有所成就。只要你坚持这样做，就能造就优秀的人格。

在美军历史上，艾森豪威尔是一个充满戏剧性的传奇人物。获得五星上将的一共有10人，而艾森豪威尔是所花时间最少的一个人——4年，被称为“第一快”，与之相比，马歇尔花了20年，麦克阿瑟花了16年，布莱德雷用了9年；阿诺德从准将到五星上将用了12年！这是他的“第一快”。艾森豪威尔之所以会取得如此大成就，就源于其坚持的品质。

年轻的时候，有一次晚饭后，艾森豪威尔和家人一起玩纸牌，连续几次，他的牌都很差，他开始抱怨自己的牌运。这被在干家务活的妈妈听见了，她走过来，对儿子说：“如果你真要玩牌，就必须用你手中的牌玩下去，不管那些牌怎样，都要坚持到底！”

听完母亲的话，他有点不明白，母亲又说道：“其实，人生也是这样啊，无论上帝给了我们怎样的牌，我们都必须拿好，并打好每一张牌，坚持到底，就能看到好的效果。”

很多年后，艾森豪威尔一直牢记着母亲的这番教导，从来没有抱怨过命运。相反，他总是以积极、乐观的态度，以坚持不懈的意志去迎接命运的挑战，竭尽全力做好每一件事情。

艾森豪威尔的故事也告诉所有外向者，无论做什么事都要踏踏实实，一步一个脚印，持续和努力会为你带来意想不到的收获。

那么，具体来说，我们该如何提升自己的专注力呢？

1.一次只做一件事

如果你决定了做一件事，那么，你就要做到专注，然后，你需要问自己：“在这些要做的事情中间，哪件事最重要？”选出那件最棘手的事，然后保证自己在接下来一段时间内只专注于它。

2.尝试着让自己安静下来

如果你的心无法安静的话，你可以尝试着先换一下环境，然后闭上双眼，深呼吸，慢慢地放松，多尝试几次会好点。

3.对于他人的负面情绪，不必太在意

如果你因为周围人的情绪而想得过于复杂的话，可以尝试着问自己，自己想这个问题究竟是为什么，是什么让自己变得这样，多问几次后，自己就可以了解自己的困惑，从而从心底去除这个杂念。

4.排除干扰

在你准备做一件事，请收拾好你的书桌，关闭手机，关闭电脑的浏览器等，避免那些容易使你分心的事，你的学习和工作效率会提高很多。

5.要学会在强烈的吵闹声、人多的环境中专心学习的本领

曾有伟大人物介绍过他们在大街十字路口专心看书的本领。因为环境在一定程度上是自己无法限制的，只有依靠高度自制能力，才能提高抗干扰能力。

6.学会做些放松训练

舒适地坐在椅子上或躺在床上，然后向身体的各部位传递休息的信息。先从左脚开始，使脚部肌肉绷紧，然后松弛，同时暗示它休息，随后命令脚踝、小腿、膝盖、大腿，一直到躯干部休息，之后，再从脚到躯干，然后从左右手放松到躯干。这时，再从躯干开始到颈部、到头部、脸部全部放松。这种放松训练的技术，需要反复练习才能较好地掌握，而一旦你掌握了这种技术，会使你在短短的几分钟内，达到轻松、平静的状态。

总之，专注，也就是保持良好的注意力，是大脑进行感知、记忆、

思维等认识活动的基本条件，专注能助你提高工作效率，同时也能帮助你摒除他人坏情绪的影响。当你因为他人情绪的影响而变得注意涣散了或无法集中精力时，相信以上几种方法能帮助到你。

外向心理启示

外向者在做事过程中更容易出现三分钟热度的情况，对此，外向者需要明白，做任何事，都需要集中精力、全身心地投入，要做到“身心合一”，来不得半点虚假，不能有任何私心杂念。

行动第一，外向者学会改掉光说不练的毛病

我们深知，任何人要想成功，都必须做到目标高远、行胜于言，因为行动才是实现理想和目标的根本保证。然而，一些性格外向者在做事的过程中，常存在光说不练的毛病，他们经常会有很多想法，他们也有很多目标，但却很少付诸实施，最后，他们也只能成为一名空想家。相比外向者来说，内向者在这方面做得更好，他们有更强的执行力，一旦他们树立了一个目标，他们就会立即行动，他们有更踏实的做事风格。

因此，作为一名外向者，在这方面要向内向者学习，你要想成功，就应该付诸行动，行动是成功的保证。只有行动才会产生结果。

在1921年，当电报机发明成功25年之时，《纽约时报》有一篇文章谈到了电报对信息传播的重大作用。有十几个人，就从这报道中得到了启发。他们想，如果创办一份文摘刊物，让读者从大量的信息中获得自己需要的信息，肯定会受到欢迎。但当他们申请邮局发行时，得到的答复是因为还从没有过这类刊物，目前条件还不成熟，还要等一等。绝大多数申办者就只好等等再说。

这十几人中有一位叫华莱士的青年却毫不犹豫，他想：你邮局不发行，我可以自办发行呀，他没有等待，而是将订单装入2000个信封中，从邮局发往各地。

就这样，这位青年创办了世界上很少有的文摘刊物，它一下子拥有了不少读者，而且市场越来越广阔，这就是有名的《读者文摘》。到2002年，这本刊物已成为世界性的刊物。它用19种文字出版，发行到127个国家，年收入达5亿多美元。

华莱士可以说是每一个外向者学习的对象。的确，说一尺不如行一寸，只有行动才能缩短自己与目标之间的距离，只有行动才能把理想变为现实。成功的人都把少说话、多做事奉为行动的准则，通过脚踏实地的行动，达成内心的愿望。

有位伟人说过："世界上只有两种人：空想家和行动者。空想家们善于谈论、想象、渴望甚至于设想去做大事情；而行动者则是去做！你现在就是一位空想家，似乎不管你怎样努力，你都无法让自己去完成那些你知道自己应该完成或是可以完成的事情。不过，不要紧，你还是可以把自己变成行动者的。"行动者比空想家做得成功，这是因为，行动者一贯采取持久的、有目的的行动，而空想家很少去着手行动，或是刚开始行动便很快懈怠了。行动者具备有目的地改变生活的能力。他们能够完成非凡的事业，与此形成鲜明对比的便是，空想家只会站到一边，仅仅是梦想过这些而已。

现代社会，无论是职场还是商场，其竞争度的激烈恰如战场，每一个渴望成功的外向者都应该牢牢地记住，执行是最重要的，执行力就是竞争力。成败的关键在于执行。执行力如何，将决定上司是否重用你，是否给你发展的机会；决定你是否在强有力的竞争面前勇敢面对等。

那么，活在当下的外向者们，你想当行动者还是空想家呢？如果你希望自己成为一名成功者，那么，从现在开始，就得放下空想，给自己规划一个详细的人生目标，并按照自己现有的自身条件去为之奋斗。只要你这么想了，也这么做了，那么你的人生最终就是成功的。

为此，你需要做到：

1.要克服懒惰，选择行动

一个人之所以懒惰，并不是能力的不足和信心的缺失，而是在于平时养成了轻视工作、马虎拖延的习惯，以及对工作敷衍塞责的态度。要想克服懒惰，必须要改变态度，以诚实的态度，负责、敬业的精神，积极、扎实的努力，才能做好工作。

2.切实执行你的创意，以便发挥它的价值

不管创意有多好，除非真正身体力行，否则永远没有收获。

3.实行时心里要平静

有人说天下最悲哀的一句话就是：我当时真应该那么做却没有那么做。每天都可以听到有人说："如果我在那时开始那笔生意，早就发财了！"或"我早就料到了，我好后悔当时没有做！"一个好创意如果胎死腹中，真的会叫人叹息不已，感到遗憾，如果当时彻底施行，当然也会带来无限的满足。

4.要端正态度，直面责任

"积极高昂的态度能使你集中精力完成自己想要的东西。"在工作中，应始终保持平常心态，在任何时候，工作和责任始终捆绑在一起，工作越好，责任越大，没有工作也就无所谓责任，要敢于负责。

不得不说，人人都能下决心做大事，但只有少数人能够立即去执行他的决心，也只有这少数人才是最后的成功者。外向者们，如果你有了强烈的愿望，就要积极地迈出实现它的第一步，千万不要等待或拖延，也不必等待具备所有的条件。记住：你可以创造一些条件！

外向心理启示

成功靠的就是行动，外向者一旦树立了某个目标，就要立即去做，而一味地犹豫，你永远与成功无缘！

目光长远，外向者发挥善于把控全局的优势

在性格特征的对比过程中，我们发现，踏实稳重的外向者更注重实际操作，他们更善于执行，而内向者则更善于规划和安排。因此，在做事的过程中，外向者完全可以发挥自己善于把控全局的优势，这样，做起事来才能避免毫无头绪地忙碌。

的确，如果你是一位细心的外向者，你可能也曾发现，在我们工作和生活的周围，有这样一些人，他们整天都像风一样从这个地方到那个地方，表面上看起来，他们什么事都要做，即便在两件事的空当时间，他们也不能休息，可是到头来却发现，他们似乎什么都没处理好，还是一堆烂摊子，陀螺般地转了半天还在原地没有动弹。一事无成不说，连最基本的生活也打理不好，事业没做成，家人没顾上，朋友也没怎么联系，连运动也很少做……细究起来，这些人之所以会忙得晕头转向就是因为他们什么都想抓住，只关注事情的“点”，而没有从全局的角度把控。

事实上，任何一个做事高效率的人都有战略性的眼光，在做事之前都会通观全局，进而游刃有余地工作。请看下面这个真实的故事：

梁先生是深圳一家小公司的总经理。金融危机期间，他的小公司不但没有倒闭，反而业务量骤升。这一点，让很多同行产生了巨大疑问。

一次和朋友聚会时，席间一个同行经销商谈到他们的业务主要在深圳和珠江三角洲一带，金融危机对他们企业的影响很大。

“您的公司企业如何？”

梁先生说：“受到美国金融风暴影响海外订单确实减少，不过因为内地客户受金融风暴影响小，反而通过网站为企业带来了稳定的订单。”

这位经销商豁然开朗，要求看看梁先生网站是个什么样子。由于这家公司是生产连接件产品，该产品比较细小，他们便在网站策划时特别增加了产品放大镜功能，帮助访问者更加详细地了解产品的细节，在使

用恰当的推广方法后，为梁先生的公司带来了理想的业务量。

在人人自危的金融危机期间，梁先生的小公司为什么能岿然不动？这得益于他利用企业网站和网络营销能够帮助深圳企业避免遭到金融风暴影响。可以说，梁先生就是一个懂得在大形势下总揽全局的人。这一点，值得每一个外向者学习。

可见，做任何一件事，我们都应该学会用战略的眼光看问题，树立战略观念，才能让我们从大处着眼，避免眉毛胡子一把抓的问题。所谓战略，就是指重大的带有全局性或决定性的谋略。战略观念的核心问题就是如何处理长远利益和眼前利益、局部利益和全局利益的关系问题。正确的战略观念来自实践，事物是不断发展的，所以战略观念离不开发展。战略观念和“因循守旧”“不求进取”是相互对立的。

事实上，人们常常一叶障目、做事没重点，主要是基于以下三点原因：

（1）喜欢以经验代思考：尤其是遇到有前例之事时，他们往往欠缺考虑，这一方法偶尔可以帮助他们躲过问题，但也有失灵的时候，有那么一天，你的经验可能是错误的。

（2）方案甚多、必须择其一时，欠考虑：一连出现好多方案，看来，每个方案都有其可取之处，于是，他们只好随便选择一个。

（3）时间紧急时，草草作出决定：遇到此类非常状况，他们已经没有时间再找出前例，必须果断作出决定，向部属有所指令。如果，缺乏这种能耐，就会导致措施不对、混乱更大的结果。

一般情况下，不能作出正确的判断结果的人，多半原因都是无法站在广泛、全局的角度去判断一件事。

外向者要提高战略思维能力，树立全局观，应注重抓住以下几个问题：

1.注重理论武装，以丰富的理论修养与知识素养作支撑

很难想象，一个没有理论思维的人，能总揽和驾驭全局。而提高理论思维能力的根本途径就是学习，要通过学习强化知识武装。

2.注重信息扩展，开阔想问题、作决策的眼界和空间

在当今知识、信息大爆炸的时代，信息已成为最重要的战略资源，它可以被提炼成知识和智慧，因而在战略问题的研究中越来越具有突出作用。我们要对事关全局的重大问题进行战略思维，必须以了解和掌握大量的信息为前提，这样方可开阔眼界，启发思路，作出具有远见卓识的行动决策。

事实证明，一个人了解、掌握的信息量越大，知识面越广，思辨鉴别能力就越强，工作就越来越得心应手、应对自如，从而真正做到讲政治、谋大局、抓大事。

3.强化全局观念，培养凡事谋全局的思维习惯

树立全局观必须一事当前想着全局，思考问题、筹划工作，应依据全局的方针、政策、原则指导局部，切实吃透上头的，摸清下头的，形成自己的，有创造性地抓好落实。坚持局部服从全局，在培养凡事谋全局思维习惯的同时，要注重谋略锻炼。

4.强化求真务实，在实践中确立全局观

“没有调查研究就没有发言权”“没有调查研究就没有决策权”这两句话，充分说明了一个人如果不知道、不重视实践就会在战略上丧失政治主动权。鉴于此，做事前必须通过各种途径和手段力争了解和掌握多方面的信息。

外向心理启示

外向者若想提高工作效率、不“瞎忙”的话，就要懂得从全局角度把控事情，最重要的一点是，一旦我们的行动有了方向，也就有了做事的热情。

外向者激发自己的好胜心，才能不断进步

人都是社会的人，都希望得到他人的认可，对于性格外向者来说，他们比内向者更希望被认同。因此，一般来说，外向者有着更强的好胜心，他们不甘人后，也更敢于接受竞争和挑战，可以说，每个外向者都有当英雄的心，但随着时间的推移，一些外向者的雄心壮志逐渐被磨灭，被取代的是甘愿平凡。而在这种心态下是很难取得成功的，也终将碌碌无为。所以，如果你是一名外向者，那么，你有必要激发自己的好胜心，只有这样，你才能不断进步。

的确，那些平凡的人之所以没有取得大的成就，就是因为他们太容易满足而不思进取，他们一生只会盲目地工作，挣取足够温饱的薪金。只有进取人才会进步，也才会获得荣誉，证明自己。

生活中的外向者们，从现在开始，不妨滋生一点野心吧，有了获胜的念头，才有可能获胜，一个没有胜利欲望的人，又怎么可能获得胜利呢？

20世纪30年代，在英国一个不出名的小城里，有一个叫玛格丽特的小姑娘。玛格丽特的父亲经常向她灌输这样的观点：无论做什么事情都要力争一流，永远走在别人前面，而不落后于人，“即使在坐公共汽车时，你也要永远坐在前排”。父亲从来不允许她说“我不能”或是“这太难了”之类的话。

正是因为从小受到父亲的“残酷”教育，才培养了玛格丽特积极向上的决心和信心。无论是学习、生活或工作，她总是抱着一往无前的精神和必胜的信念，克服一切困难，做好每一件事。

玛格丽特上大学时，考试科目中的拉丁文课程要求五年学完，可她凭着自己顽强的毅力，在一年内全部完成了。其实，玛格丽特不光是学业出类拔萃，在体育、音乐、演讲及其他活动方面也都名列前茅。当年她所在学校的校长评价她说：“玛格丽特无疑是我们建校以来最优秀的

学生之一，她总是雄心勃勃，每件事情都做得很出色。”

正因为如此，四十多年以后，英国乃至整个欧洲政坛上才出现了一颗耀眼的明星，她就是连续四次当选为英国保守党领袖，并于1979年成为英国第一位女首相，雄踞政坛长达11年之久，被世界媒体誉为“铁娘子”的玛格丽特·撒切尔夫人。

从撒切尔夫人身上，外向者们应该看到一点，只有努力拼搏，做到最好，才可能做到“杰出”。做到这点，你也能成为一颗人人瞩目的“明星”。现代社会，竞争日益激烈，甘当人后的人是终将被残酷的竞争淘汰的。只有荣誉才会谱出人生精彩的华章，试想，手捧荣誉奖章的你与碌碌无为的你是不是两种不同的人生状态呢？

有人说，从平庸到优秀只有一步之遥，但有的人终其一生也无法跨越。只有当你选择了如何优秀，你接下来才能做到如何卓越。有了尽最大的努力把事情做好的志向，不断对自己提出严格的高标准，你就会赢得别人的尊敬，做出令人吃惊的成绩。

世界球王贝利在20多年的足球生涯里，参加过1364场比赛，共踢进1282个球，并创造了一个队员在一场比赛中射进8个球的纪录。他超凡的技艺不仅令万千观众心醉，而且常使球场上的对手拍手称绝。他不仅球艺高超，而且谈吐不凡。当他个人进球纪录满1000个时，有人问他：“您哪个球踢得最好？”贝利笑了，意味深长地说：“下一个。”他的回答含蓄幽默，耐人寻味，像他的球艺一样精彩。

因此，外向者应该从现在起，具备荣誉感，用荣誉来证明自己，为此，你可以做到：

1.努力做好每一件事，每次进步一点点

在成为优秀者之前，你只能把事情做得很好，一个人不经过历练是成不了才的，这是一条真理。一个平庸的人永远不会把事情做到最好。

2.不要满足于现状、故步自封

不要满足于现在的自己，要力求更好，时时努力超越自己。希望和欲念是生命不竭的原因所在。记住，无论在什么境况中，我们都必须有保持继续向前的信心和勇气，生命的生动在于我们永远不要放弃。

3.勇敢地与人竞争

只有竞争，只有夺得第一才能带来荣誉。的确，最终胜利的人才能与荣誉有缘，因为，荣誉是与结果挂钩的。当然，这并不是说为了结果而不择手段。追求胜利，重视胜利，同时也关心胜利中的道德因素，或失败中的道德评价，这表现了西点人的豁达和宽容。

4.努力提升自己，达到质的飞跃

“欲速则不达”“万丈高楼平地起”，任何突破都是要从努力做到自我积累知识、提升自己开始的，只有这样，才会实现质的突破，获得更高层次的荣誉。

外向心理启示

任何一名外向者的心中都有一个英雄梦，外向者要学会激发内心的求胜心，同时要明白，没有谁永远第一。不是第一就要努力成为第一，即使你是第一，也永远可以做得更好。

别再三分钟热度，外向者做事要坚持到底

在任何领域，我们都可以看到，内向者更有耐心，而外向者在做事过程中则更容易被影响。一些外向者甚至还有好高骛远、不脚踏实地的毛病，他们是思想上的巨人，行动上的矮子，信誓旦旦决定做一件事，但到实施的时候，却做不到一步一个脚印，每天朝目标迈一步，经常三分钟热度，做不到持之以恒。要知道，任何事情的成功都不是一蹴而就的，需要我们一点一滴地付出。小事成就大事，在每件小事上认真的人，做大事一定成绩卓越。

诚然，外向者有着无限的潜能，在各行各业内，他们都有出色的表现。外向者也多半更有野心和激情，然而，外向者要使自己的潜能得到最大程度发挥的前提是，无论你的理想多么崇高，要实现你的力量就必须勤奋努力，朝着目标一步一步地迈进。

的确，开发自身潜能的方法之一就是挖掘他的激情，它是一种能量，一种督促并且帮助我们前进的力量。但要想攫取成功的果实，就不能三分钟热度，而应该坚持到底，成功也只会青睐于那些真正为目标奋斗到底的人。

诺贝尔奖获得者巴斯德曾豪迈地宣称："告诉你达到目标的奥秘吧，我唯一的力量就是我的坚持精神。"需要持之以恒的原因就在于，世上凡是有价值的事情通常都是有一定难度的，不可能一蹴而就，因此只有持之以恒才能完成。

作为美国前职业棒球明星，威廉·怀拉在40岁时因体力不济而告别体坛另谋生路。他琢磨着，凭自己的知名度去保险公司应聘推销员不会有什么问题。可结果却出乎意料，人事部经理拒绝道："吃保险这碗饭必须笑容可掬，但您做不到，无法录用。"

面对冷遇，怀拉没有打退堂鼓，他决心像当年初涉棒球领域那样从头开始学习"笑"。由于每天要在客厅里放声笑上几百次，邻居产生误解：失业对他刺激太大，他神经出了问题。为了不干扰邻居，他只好把自己关进卫生间里练习。

过了一个月，怀拉跑去见经理，当场展露笑脸，然而得到的却是冷冰冰的回答："不行！笑得不够灿烂。"

怀拉天生就是一个执着的人，他回到家里继续苦练起来。一次，他在路上遇见一个熟人，非常自然地笑着打招呼。对方惊叹道："怀拉先生，一段时日不见，您的变化真大，和以前判若两人了！"

听完熟人的评论，怀拉充满信心地再次去拜见经理，笑得很开心。

"比以前好点了。"经理指出，"然而还不是真正发自内心的那一种。"

怀拉不气馁，再接再厉，最后终于如愿以偿，被保险公司录用。这位昔日棒球明星严肃冷漠的脸庞上，绽放出婴儿般的笑容。笑容是那样天真无邪，那样讨人喜欢，令顾客无法抗拒。就是靠这张并非天生而是苦练出来的笑脸，怀拉成了全美推销保险的高手，年收入突破百万美元。

威廉·怀拉发自内心地说："人是可以自我完善的，关键在于你的热情。"

任何人都会有热情，不同的是，有的人只有30分钟的热情，有的人热情可以保持30天，而一个成功者却能让热情持续30年乃至终生。热情激发出我们的潜能，让我们发挥出无穷的活力，是热情让人笑迎挫折，最终成功。

不得不说，人在做一件事情的时候有一个临界点，在这个时期是感觉非常无聊的，很多人都在这个时候放弃了，这样的人不会成功。胜利只属于坚持走下去的人。

生活中的外向者是不是对每天两点一线的生活已经厌倦了？你是不是甚至希望能有一个成功的机会？你是不是认为自己有三分钟热度的毛病，那么，从现在起，对待生活和工作中的任何事，你都要做到坚持。你首先要做到的就是把自己手边的每一件具体事做好。做任何事情都要干劲十足，自己创造机会、把握机会。

具体来说，你需要这样做：

1.做事理清目标

这里，你需要明确的是：我该准备些什么、我该怎么去完成、完成后我得到什么。当你厘清这些思路并制订一个逐步实施的计划后，你会发现，你在保持做事热情上有较明显的提高。

2.强化自己的动机感

你要确定自己做一件事的目的，也就是动机，从你的内心感觉到你所做的事情是有意义的，对你和别人都是很有价值的，然后去不断地强化自己的感觉，让别人都感觉到你是很有热情的，逐渐愿意加强与你的接触，支持你所做的事情，很快你就会感觉自己有一颗充满热情和热忱的心。

3.深呼吸

当你开始新的一天时，问自己一个问题，“我在呼吸吗？”然后做几次深呼吸。问你自己“我现在感觉放松吗”？如果你的回答是“不太放松”，那么先什么都不要做，然后深呼吸。

4.享受当下

当下是我们所拥有的一切。生活只存在于当下。珍视它，祝福它，感激它，体验它。不论你在做什么，充实地生活……

总之，你需要记住，为自己定下一个要赢取的目标，全力以赴投入到实现目标的行动中去，在没有成功之前绝不开始下一项任务。

外向心理启示

成功者与失败者最大的差别在于：成功人士始终用最积极进取、最乐观的精神支配和控制自己的人生。外向者要想攫取成功的果实，就要从现在起摒弃做事三分钟热度的毛病。

外向者发挥自己的交际优势，让工作有众人相帮

相对于内向者而言，外向者有更强的社交能力，他们更善于通过良好的人际关系来达到自己的社交目的，让自己做起事来更方便。美国钢铁大王卡内基说：“专业知识在一个人成功中的作用只占15%，而其余的85%则取决于人际关系。无论你从事什么职业，学会处理人际关系，能够掌握并拥有丰厚的人脉资源，你就在成功路上走了85%的路程，在个人幸福的路上走了99%的路程了。”因此，聪明的外向者们，在工作

中，如果你懂得发挥自己的交际优势，那么，运行工作时你将会事半功倍。

方女士经营着一家纺织厂，这些纺织品主要是出口，很少内销。在2000年的时候，这家纺织厂还只有十几个工人，生意冷清，但局面很快发生了转变。

有一次，一个越南客商要从这家纺织厂购进价值五万元的布匹，方女士按照对方的要求已经把这批布匹包装好，并准备运送码头发货。但正在这时，这个越南客商却突然打来电话请求退货，原因是该客商对当地市场估计错误，这批货到越南后将很难销售。

厂里很多干部劝方女士，既然对方这么毫无信用，大可一口拒绝对方，反正合同都已经签了。但经过两天的考虑，方女士却决定答应对方的退货请求，因为对方答应支付包装、运输等一切费用，这批布匹由于是外贸产品，在国内市场同样可以销售出去，所以方女士等于没有什么损失，也就不会为难这位越南客商，而他这样做最大的好处是帮助了对方，有助于双方建立良好的合作关系。

果然，这位越南客商很感激方女士，并表示以后在同类产品中将优先考虑方女士的产品，他还不断向自己的朋友夸奖方女士，为方女士介绍了很多生意。就这样，在不到两年的时间内，方女士的纺织产品风靡越南，她的生意也越做越大。

后来，方女士常说，“眼睛只盯着钱的人做不成大买卖。买卖中也有人情在，抓住了这个人情，买卖也就成功了一半。”

想必案例中的方女士也是一位性格外向者，她清楚地认识到人脉对生意的重要性。如果当时她拒绝了越南客商的退货，那么虽然她做成了一笔小生意，但却会损失这个客户包括后来客户推荐的很多新客户，而答应了退货的要求表面上看似吃了点亏，但她却交到了一个朋友，孰轻孰重，明眼人一看就知道了。

可见，人际关系可以定夺个人与事业的江山；可以增强自己事业的合纵连横；人际关系可以截长补短、互通有无；人际关系可以养兵千日，用于一时；人际关系可以见贤思齐，见不贤而内自省……人际关系可以铸就“振臂一挥，应者云集”的“大成”人生。

因此，在工作中，外向者最好明白以下几点：

1.兼顾物质、精神与生活的需要

对于这三点，我们要兼顾，不能只顾事业的发展或者物质财富，有些人虽然对你的工作、事业没有帮助，但总能在困惑时帮你打开心扉，这样的人，你也应该珍惜。

另外，你不要以为对方不能为你带来名利就疏远对方。有些朋友，即使他们性格粗糙、不拘小节，但却真心为人，真心待你，他们会成为你成长的一面镜子。你还应该有一两个善于倾听的伙伴，他们是你倾诉的对象，成功时他们与你一起分享，挫折时他们与你一起分忧。你甚至还应该有几个损友，即使看上去他们总是与你为敌，但一旦你需要帮助的时候，他们总是挺身而出。

2.友情投资宜走长线

友谊之花，须经年累月培养，做人做事不可急功近利。那些懂得善于放长线的人，才能钓大鱼。你若希望获得一个四通八达的人脉，那么，你需要在日常生活中进行浇灌、维护。为此，你最好将人脉资源的经营管理纳入你长期和短期的职业规划中，逐步养成经营人脉的习惯。

3.身处职场多倾听、多请教

领导、前辈向你传达经验的时候，你尽量不要打断对方说话，大脑思维紧紧跟着他的诉说走，要用脑而不是用耳听。

另外，主动请教也体现了你积极上进的工作和学习态度。一般情况下，对方都乐于向你传授经验和教训。

4.即使完成任务，也不可居功自傲

有位年轻的下属对于领导的表扬这样说：“这不是我一个人的功劳，当初我之所以有勇气承接设计任务，就是因为我想到，只要接受任务后，领导一定会给我指导，同事也会帮我出主意，有了这样稳定的大后方，我就不再犹豫了。在设计的这3个月里，的确如此，主任和其他同事给予我最大的支持，没有他们，图纸就不会设计得这么理想。”

5.看到自己的不足，而不是别人的缺点

哪怕再不起眼的人都有自己的优点；再怎么优秀的人都有自己的缺点。与我们相处的同事和领导都是人，也存在一些缺点，职场人士所处职场风云变幻，同事相处要“以和为贵”，因此，不要私下或者公开场合对同事的某些缺点发表言论。另外，我们要以人为镜，多看到自己的不足，这样，才能对症下药，进行完善。

外向心理启示

工作中，无论是做人还是做事，外向者都要发挥自己善于交际的优势，争取得到最多的人的支持，那么，你的工作也就更容易开展了。

[第10章] 外向者的财富心理策略：大胆投资誓成亿万富翁

在我们的生活中，性格外向者和其他人一样，心中也都有个财富梦，天上不会掉馅饼，外向者要想致富，就要投资，外向者天生也有着敢于冒险的勇气，然而，也正是因为外向者做事大胆的个性特征，一些外向者在投资过程中缺乏理智冷静的思考而投资失误。另外，一些在钱财上太过大方的外向者也常常陷入钱包空空的苦恼中。成功的投资人给外向者一些财富建议：要树立正确的金钱观，绝不能挥霍无度，适度消费、理性投资会帮助你赚取更多的财富。

外向者有胆有识，唤醒自己的勇气

前面在分析性格外向者和内向者区别的时候，我们发现，通常情况下，外向者自信、勇敢，他们敢想敢做，比内向者更有胆识，同样，在投资理财中，外向者也要有这样的魄力，有勇气、敢于冒险，才能与财富结缘。反过来，如果一味地害怕风险而畏首畏尾的话，那么，你只能慨叹财富被别人攫取。

敢于冒险的人，往往会第一个成功。据社会学专家预测，未来的社会将变成一个复杂的、充满不确定性的高风险社会，如果人类自由行动的能力总在不断增强的话，那么不确定性也会不断增大。生活中的外向者也应该意识到，各种变化已经在我们身边悄然出现，勇敢地投身于其中的人也越来越多了，而如果你不积极行动起来、缺乏竞争意识、忧患意识，安于现状、不思进取，如果你还没被惊醒的话，就会被时代所抛弃，被那些敢于冒险的人远远甩在后面。敢于作风险决断，是每一个希望获得辉煌成就的富人的必备素质。这里的原因其实很简单，没有风险的生意人人会做，利润均沾，可要在同行业中出类拔萃难之又难，做得再好，也不过是个殷实的、保守的小商人而已。

海尔总裁张瑞敏先生说："如果有50%的把握就上马，有暴利可图；如果有80%的把握才上马，最多只有平均利润；如果有100%的把握才上马，一上马就亏损。"

在世界首富比尔·盖茨看来，成功的首要因素就是冒险。在任何事业中，把所有的冒险都消除的话，自然也就把所有成功的机会都消除了。他自己的一生当中，最持续一贯的特性就是强烈的冒险天性。他甚至认为，如果一个机会没有伴随着风险，这种机会通常就不值得花心力去尝试。他坚定不移地认为，有冒险才有机会，正是有风险才使得事业更加充满跌宕起伏的趣味。

他是一个具有极高天分、争强好胜、喜欢冒险、自信心很强的人，他在本行业的控制力是惊人的，以至于有评论说：微软公司正在屠杀对手，看来似乎几近垄断软件行业。

事实上，对冒险精神的培养，比尔·盖茨从学生时代就开始了。他在哈佛的第一个学年故意制定了一个策略：多数的课程都逃课，然后在临近期末考试的时候再拼命地学习。他想通过这种冒险，检验自己怎么花尽可能少的时间，而又能够得到最高的分数。他做得很成功，通过这个冒险他发现了一个企业家应该具备的素质：如何用最少的时间和成本得到最快最高的回报。

他总是在培养自己好斗的性格，因而被人骂做"红眼"（人在紧张时肾上腺素冲进眼睛，导致眼睛通红）。久而久之，他成为令所有对手都胆怯的人物，因为他绝对不服输，绝对不会退缩，绝对不会忍让，更不会妥协，直到他自己取得了胜利。这种个性成为他创业时期的最明显的特征，他令一个个对手都败在了自己的手下。

但是他同时又是一个最不满足的人。到了20世纪90年代，他已经成了世界首富，但是不满足的心理依然驱动着他继续自己的冒险事业。他在一次接受记者的采访时说："我最害怕的是满足，所以每一天我走进这间办公室时都自问：我们是否仍然在辛勤工作？有人将要超过我们吗？我们的产品真的是目前世界上最好的吗？我们能不能再加点油，让我们的产品变得更好呢？"

生活中，很多人包括那些性格外向的人，之所以不敢去冒险，是因为他们意识到了风险的存在，的确，风险可能会导致你失败，但也会使你得到意想不到的收获，不冒风险看似安全，但它只会使你的一生在平庸中度过。

既有成功的欲望，又不敢冒险，怎么能够实现自己的既定目标？风险总是与机遇结合在一起的，从某种意义上说，风险有多大，成功的概率就有多大。外向者要想获得财富的垂青就需要把握机遇，而机遇是平等地铺在人们面前的一条通道，在我们身边，有许多成功的人，并不一定是他比你"会"做，更重要的是他比你"敢"做。

当然，我们所说的冒险绝非意气用事，风险决策必须以科学为依据，实施的每一个步骤都应经过周密的策划，把风险变为机遇，把机遇变为现实。

成功大师指出：何谓运气？就是先有预备，再碰上机会。

根据自己所处的环境、自己所具备的条件和优势，对自己的人生进行理智设计及运作，这就是"运"的含义。你选择正确、把握及时，设计和运作得当，你就会获得成功；如果这种选择、设计和把握恰好顺应了时代的潮流，跟上了市场的发展，那就是你的运气来了。

对此，你需要做到：

1.进取心态最为根本

席巴·史密斯曾说：许多天才因缺乏勇气而在这世界消失。每天，默默无闻的人们被送入坟墓，他们由于胆怯，从未尝试着努力过；他们若能接受诱导起步，就很有可能功成名就。

任何人，一旦敢于平淡和默默无闻，那么其结果也就是平淡。哀莫大于心死，只有积极进取，才能勇于尝试。

2.把握机会，减少风险因素

培根曾说：我们要时时注意，勇气常常是盲目的，因为它没有看见隐伏在暗中的危险与困难，因此，勇气不利于思考，但却有利于实干。所以对于有勇无谋的人，只能让他们做帮手，而绝不能当领袖。

外向心理启示

富贵险中求，财富的获得需要外向者们唤醒自己的勇气，当然，冒险并不等于有勇无谋，也不等于蛮干，它是建立在正确的思考与对事物的理性分析之上的。

对金钱豁达的性格优势会让外向者走得更远

我们都知道，外向者的典型性格特征之一就是大方，不仅待人接物上大方周到，在金钱上亦如此。在我们的身边，有一些外向性格的人，只要有朋友需要金钱上的资助，他们都会义不容辞地出手相助，因为这样的性格优势，他们身边总是不乏朋友，而对钱财的豁达也让他们有了更多的致富机会。石油大王洛克菲勒就是这样的人。

关于洛克菲勒，在很多人眼里，他是个节俭成性的资本家，但事实上，他还是美国最大的资本家，截至20世纪20年代，洛克菲勒基金会成为世界上最大的慈善机构，他赞助的医疗教育和公共卫生是全球性的。他一生直接捐献了5.3亿美元，他整个家族的慈善机构赞助超过了

10亿美元。中国受益尤多，接受的资金仅次于美国，1915年，洛克菲勒基金会成立中国医学委员会，由该委员会负责在1921年建立了北京协和医科大学，这所大学为中国培养了一代又一代掌握现代知识的医学人才。

一位检察官曾这样称赞过他："除了我们敬爱的总统，他堪称我国最伟大的公民。是他用财富创造了知识，舍此更无第二人。世界因为有了他而变得更加美好。这位世界首席公民将永垂青史。"丘吉尔则这样评价他："他在探索方面所作的贡献将被公认为是人类进步的一个里程碑。"

关于财富，洛克菲勒的观点是："在我眼里金钱像粪便一样，如果你把它散出去，就可以做很多的事，要是把它藏起来，它就会变得臭不可闻。"的确，洛克菲勒认为要么将钱财拿出来投资，要么拿来帮助他人。

生活中的每一个外向者，也都应该向洛克菲勒学习，一个人如果在钱财行吝啬，必当会让周围的朋友敬而远之，这样的人又怎么可能获得他人的帮助呢？又怎么能获得财富的垂青呢？为此，我们也要树立正确的金钱观。人活于世，的确要有一定的物质基础的保障，人们对财物的需要，也只是为了生存和发展，而如果你把敛财看成了一种嗜好，把财富看得太重，觉得财富比其他一切都重要。那么，你的财富也失去了起真正的作用。

在教育子女上，洛克菲勒也一直有意识地灌输他们慷慨地奉献金钱的精神，有一次，他的儿子西恩和几个朋友成立了一个为救助非洲贫困人口募捐的基金会，洛克菲勒对儿子的举动大加赞赏。

在经历了一个月的筹备后，基金会终于成立了，西恩被推举为基金会的会长，在基金会成立这天，洛克菲勒也被邀请参加，并在大会上发表了演讲。

上台后，洛克菲勒以愉快的语调说："感谢大家莅临基金会的成立大会，有这么多人参加大会，我认为有爱心的人越来越多了。

在我看来，人生应该有两个层次的目标，第一是得到我们要的东西；第二是分享他，然而，只有那些有智慧的人才能做到第二天。我从不否认自己是个事业成功的人，到现在为止，我确实获得了一定的财富，我的事业也越过越大，但是我从不认为拥有金钱就是拥有财富，真正的财富应该还包括健康、幸福、友情、爱情等；我从不认为自己现今的成就仅凭自己一人之力就能获得，诸位知道我是一个白手起家的人，我认为我的财富是神赐的，所以我想我、包括在座的各位都应当善用财富，不能好好利用财富，它就会变成我们的一项负担，利用财富胜于拥有财富。金钱，其实可以换来一定数量的面包和玉米，这些词听起来多么温暖，现在，我想是该将这些面包和玉米分享出去了。将自己的慷慨之心、自信奉献出去，是多么有价值的一件事，而反过来，这样做对自己也有好处，因为我们获得了快乐和安心。

可以说，我们生活的周围，有很多功成名就的人，但能和洛克菲勒一样将自己的财富慷慨地捐献出去的富人却为数不多。曾经有人说，“钞票放在银行就等于毫无用处的废纸”，洛克菲勒正是因为认识到金钱的真正价值所在，所以他才将这些钱财“散”出去，去帮助需要帮助的人和群体。

然而，性格外向的你可能也发现了生活中有这样一些人，他们是金钱的奴隶，而不是主人。对于这类人来说，唯有金钱、财物才是最为重要的。为钱而钱，为财而财，敛财是这类人的最大嗜好，也是人生的最大目的。他们的生活公式是：挣钱、存钱、再挣钱、再存钱……他们最大的乐趣是“数钱”“敛财”；他们的哲学是：多了还要多，永远不会有满足的时候。

所谓“赠人玫瑰，空手余香”，因此，外向者在追求自己财富梦想的时候，也要扩展自己的心胸，学会为他人在金钱上付出，你才能变得更加豁达。

外向心理启示

生活中的外向者们，如果你心中有个财富梦，那么，在追求财富的同时，你还要树立正确的金钱观，绝不吝啬钱财、对金钱豁达的性格优势会帮助你赚取更多的财富。

适时“小气”些，总是大手大脚会掏空你的钱包

生活中，我们经常看到性格外向者有这样的表现：他们性情豪爽，天生爱请客、爱埋单，常常对周围的人说：“这次我请你们”，或者说“想吃点什么，随便点，今天我请客”。当他们表露出请客的欲望的时候，那种自豪感和满足感显得尤为突出。他们对周围的朋友、同事都十分大方，因为他们太爱面子了，然而，当他们一掷千金的时候，他们的钱包已经被掏空了。事实上，太过大方也是外向者的性格弱点，这是很多外向者无法聚集财富的一个重要原因，我们也可以看到，很多人到中年依旧不懂得储蓄和理财的人往往都是外向者。从这一点来看，假如你是一名外向者，你最好学会适时“小气”些，否则你只能是一个穷人。

周凯是一名电脑程序员，从毕业到现在已经工作五年，月入八千，在二线城市，他这一收入情况按理说应该已经存了一笔钱，但实际上，周凯却没有，因为他特别慷慨，总是喜欢请客。

周凯没有女朋友，因此，只要一下班，他就喜欢约上几个同事或者朋友去酒吧玩。通常情况下，都是由周凯埋单。其实，大家收入差不多，也都是单身男青年，对于这类吃吃喝喝的消费完全可以AA制，最初同事也都建议说费用大家一起平摊。但是，每当埋单的时候，周凯就显得特别热情地说：“我来吧！今天玩得很高兴，我请客！”

久而久之，大家似乎都形成了一个习惯，只要周凯抢着埋单，大家也都不跟他争了。有的同事觉得有便宜不占白不占，并且乐意享受这样的待遇；还有的同事感觉总是周凯一个人埋单，显得矮人一截，于是在下次出去玩的时候干脆找借口避开了。

而周凯本人呢？他其实也是有苦说不出，由于自己太爱面子，喜欢打肿脸充胖子、在同事面前表现得大方慷慨，现在的他经常出现不到月中就已经入不敷出了，而正因为如此，他也常常被父母责骂。

从周凯的经历中，我们大概能看出那外向者爱请客、爱埋单的人的心态，其实，最主要的原因就是想获得一种满足感。对他来说，虽然用于请客的开销很大，但是每次请客的时候，想必他的那种虚荣心都得到了满足。

通常情况下，在花钱这一点上，外向者会有这样一些表现：他们会经常找一些由头来请客，比如，有事相求于朋友、联络感情等，甚至有些时候，他们根本找不到请客的理由，大家也提议AA制消费，但他还是露出极为不高兴的神情，然后责备说："你真是太见外了，太客气了，我付还不等于你付啊，大家都是自己人！"并且，从他说话的口气中，我们能真切地感受到他所说的话是充满诚意的，并且是充满自豪感的，但也许我们并不知道，他的经济情况已经不允许他这么做了。

我们其实也明白，一个人有能力为大家埋单证明了一点，他有足够的金钱，有足够的经济能力，他绝不会比别人差，所以，但凡喜欢经常请客的人都有一种强烈的自我满足欲望。

既然有人埋单、有人请客，那么，就一定有被请的人，其实，他们的心理也是微妙的、不尽相同的。这分两种情况，一种是吝啬鬼，他们觉得只要有人请客，那就应邀参加，不吃白不吃、不喝白不喝；还有一种，他们在接受了别人的邀约后，也会有一种不如人的感觉，因此，刚开始他们可能高兴赴约，但久而久之，他们宁愿找借口推掉也不愿享受这种心灵的煎熬。对于第二类被请客的人，他们的这一心态其实与请客者是相同的，都是希望自己能充当保护者的角色。

总之，那些花钱大方、总是请客的外向者，表面上看，他们是热心的表现，但其实，这只不过是他们为了满足自己的虚荣心而已。所以喜欢请客的人和喜欢被人请的人凑在一起，彼此就各得其所，分别得到满足了。

外向心理启示

生活中，外向者总是花钱大方、爱请客，其实，归根结底他们是想从请客的过程中获得一种满足感。作为外向者，他们在了解自己的心理之后，就要懂得结余，懂得储蓄和理财，而不是一味地散财，否则，这只会掏空你的钱包。

财富投资别贪心，小心前面的陷阱

相对于内向者而言，外向者通常更有胆量，在投资中，内向者通常谨小慎微，而外向者却经常激进冒险，的确，一些外向者能从冒险投资中获得财富，然而，奇怪的是，也有不少人不但没有因为投机而富起来，反而血本无亏，其实这主要是因为他们太贪心了。

在所有渴望发家致富的人的眼里，前巨人集团CEO就是一个传奇，他曾经的创业资金只有4000元，但如今，他却成为身家数百亿的企业家。然而，他的成功史却告诉我们一个道理，不是所有的机会都能给我们带来财富，有时候，它只是一个诱惑而已，懂得说“不”，才能免除不必要的损失。

史玉柱第一桶金的获得就体现了他的营销天赋。

在20世纪80年代末、90年代初，无论是营销理念还是方法，都并不发达，传播预算和推广费用还是比较新鲜的词汇。即使是单纯的广告投入，在本土新兴企业尤其是技术型企业中仍为罕见。

1989年7月，史玉柱怀揣独立开发的汉卡软件和“M-6401桌面排版印刷系统”软盘，南下深圳。由于受到当时深圳大学一位在科贸公司兼职的老师的器重，史玉柱得以承包一个电脑部。当时，除了一张营业执照和4000元钱，史玉柱一无所有。为了买到当时深圳最便宜的电脑（8500元），他以加价1000元为条件，向电脑商获得推迟付款半个月的“优惠”，赊账得到了平生第一台电脑。为了推广产品，他用同样的办法“赊”来广告：以电脑做抵押，在《计算机世界》上以先打广告后付款的方式，连续做了3期1/4版的广告。《计算机世界》给史玉柱的付款期限只有15天，可一直到广告见报后的第12天，史玉柱分文未进。就在关键时刻，第13天出现了转机：他一下子收到三张邮局汇款单，总金额1.582万元！先人一步的思维方式，让史玉柱迎来最初的成功：两个月后，他账上的金额竟达到了10万元之巨。他再把钱投入广告中，边扩大影响边卖汉卡，4个月后，他仅靠卖M-6401产品就回款100万元，半年之后回款400万元。就这样，史玉柱赚到了人生的第一桶金。

但后来，史玉柱却遭到了事业上的一次重创，他一夜之间负债2.5亿元，事情的经过是这样的：

20世纪90年代中期，当年“十大改革风云人物”之一的史玉柱决意在美丽的珠海盖一栋自己的大厦，可在他一次又一次和总理握手之后，这栋原本18层的房子忽然间被拔高到70层，史玉柱意气风发地决心要盖中国第一高楼，虽然当时他手里的钱仅仅能为这栋楼打桩。联想集团总裁柳传志这样形容当时的史玉柱：“他意气风发，向我们请教，无非是表示一种谦虚的态度，所以没有必要和他多讲。而且他还很浮躁，我觉得他迟早会出大娄子。”

正是在这样的担忧和预言下，巨人大厦很快坍塌下来。“当我真正感到无力回天时，就完全放松了！”这也是史玉柱，没有其他人在负债2亿元时还能避免崩溃。当时的史玉柱无力回天，好几个月没给员工发工资了，但是，史玉柱的核心干部竟然没有一个人因此而离开他。史玉柱在忠诚团队的支持下，决心东山再起。

巨人何以说倒就倒？比较定论的分析有两条。首先是投资重大失误，其主因便是楼高70层、涉及资金12亿元的巨人大厦。大厦从1994年2月动工到1996年7月，史玉柱竟未申请银行贷款，全凭自有资金和卖楼的钱支持，而这个自有资金，就是巨人的生物工程和电脑软件产业。但以巨人在保健品和电脑软件方面的产业实力根本不足以支撑住70层巨人大厦的建设，当史玉柱把生产和广告促销的资金全部投入到大厦时，巨人大厦便抽干了巨人产业的血。

后来，史玉柱说："宁可不投资，也不能投资错误。"尽管这次失败对于史玉柱是一次重大打击，但并没有打垮他。很快，他走访大街小巷去了解老年消费者的消费习惯和诉求，脑白金应运而生。

史玉柱的第一桶金的获得、一夜之间负债累累、再到巨人重生，都向我们证明了一点：财富的获得，并不是一帆风顺的，成功需要不断地放弃，对于那些看似机会的诱惑，我们一定要懂得说"不"。正如史玉柱一样，再一次投入市场洪流的他开始摒弃过去的多元化经营模式，变得专注起来。"我现在给自己定了这样一个纪律，一个人一生只能做一个行业，不能做第二个行业；而且不能这个行业所有环节都做，要做就只做自己熟悉的那部分领域，做的时候不要平均用力，只用自己最特长的那一部分。"经历了人生最低谷的史玉柱显得保守而谨慎。

从史玉柱的这番话中，外向者也应该有所启示，要想获得财富，就要做到谨慎投资，为此，你需要做到的是：

1."有舍才有得"，懂得"舍小利"

更多的时候，我们舍不得放弃手头实实在在的利益，心里想的也是怎样保证眼前的利益不受损失。殊不知，如果不放弃这些小利，你很有可能损失更大的利。

2.放眼长远，从大局出发

在利益问题上，我们要眼光长远，只有从全局考虑，才能分清摆在眼前的到底是机遇还是陷阱。

外向心理启示

有人说，贪婪往往导致自我毁灭，多少人往往被欲望遮住双眼而看不清前方是坦途还是陷阱，因此，外向者在投资中需要注意，财富投资一定要谨慎，绝不可贪心。

有少才有多，小钱是大财富的必经之路

我们都知道，外向性格者大多大大咧咧，无论是做人还是做事，他们都不拘小节，就连财富投资，一些外向者也抱着不是大财富不投资的心理，而其实，他们忽略的一点是，任何财富都是经过积累才获得的。举个很简单的例子，对于投资什么行业能赚钱的问题，可能你会想到高端产品的研发、销售或者众人趋之若鹜的行业，然而，只要我们仔细观察，就会发现，真正带给我们财富的，往往是那些不起眼的行业。这就是市场定位的问题。“修记2元超市”的创始人修庆生对此颇有体会，他说：“我觉得2元店之所以能稳定获利，很重要的原因是我们已经形成了稳定的供货渠道，直接从厂家进货，省去了中间环节。其实在这一行，对很多商家来说，比拼的不是谁的销售利润高，而是谁进货的价格低。”可以说，修庆生的创业经历也是饱含艰辛的：

修庆生19岁只身闯保定，在商海里摸爬滚打，屡败屡战。不到20年的商战历程中，他大半时间几乎一文不名。落魄时，他转战济南。随后的4年中，凭借着独创的“2元店模式”，他一举开出百余家连锁店，遍及山东17个城市，市场占有率达九成以上。如今，成为业界翘楚后，他又将事业的矛头高调指向全国市场。

2001年9月，带着十几年不成功的从商经历，修庆生拿着仅有的2000元钱来到济南。当时的他，“没想太多，就是来碰碰运气。”

到济南后，修庆生用不多的本钱，在西市场盘了一个小摊位，做起了服装生意。一般来说，服装行业最大的特点就是要保持资金的正常流通，以不断补充新款。服装经常积压，导致资金无法正常运转则是行业大忌。“服装业的季节性经常造成压货，风险也就比较大。”做了一年多的服装生意后，而是修庆生觉得没有什么起色，决定再次转行。

济南“首战”告败，这令修庆生开始认真分析自己的经营理念。“自己在外地积累的经验，未必就适合具有明显地域特点的济南。”一番思考后，他决定抛弃自己对服装、餐饮等传统行业的“偏好”，而是把新兴行业作为突破口。

“当初，在南方时，见有人做1元店。那时，做的人不多，生意相当不错。”但同时，在考察市场的过程中，他又发现了新的问题，“1元店的东西虽然便宜，但受制于1元钱价格的局限，质量难以保证。”“如果把‘1元店’模式改造为‘2元店’，就可以保证产品的质量，同时由于产品更加丰富，消费者也更能接受。”

2003年，修庆生的第一个“2元店”在西市场开张。当时的面积仅14平方米，而员工加上他和妻子，一共才三个人。

万事开头难。经营初始，小店面临的最主要问题是货源少，虽然社会上进价不超2元钱的小商品不下几千个品种，但货源却分布在全国各地，零散而难找。为了寻找货源，他经常奔波于广州、义乌、常熟等地的生产厂家之间，从源头拿货，以保证价格的优势。那段时间，哪里有货源，他就到哪里订货。刚开始时，由于他的进货量不大，很多厂家都不愿供货。对此，修庆生没有泄气，而是不断地与厂方谈，同时也找了一些批发商供货，小店的经营状况慢慢好了起来。

在“1元店”商品质量受到质疑的背景下，修庆生薄利多销的“2元店”备受欢迎。第一家店开了仅一个月，就开始有人来找他洽谈加盟合作。修庆生觉得尚未站稳脚跟，就一概予以婉拒。在2003年“非典”过后，“2元店”全面打开市场，两个月后，第二家直营店开业。随后的2005年，修庆生的连锁店开到7家，并开始进入山东其他城市。由于他先期积累了很好的择址经验和经营理念，每一个连锁的“2元店”人气都很旺。在人口相对稀少的东营，修庆生的西城百货分店年终盘点时，年纯利竟达十几万元。

现在，修庆生的“2元店”在山东有150多家连锁店，仅济南市就有20多家。

如今，“修记2元超市”已经注册了网络域名，开通了企业网站，并专门聘请企业设计了店面标志。“2元超市”正在向更高的层次发展。修庆生说，下一步他将向全国发展，今年5月以后，“2元超市”将以电子商务的方式向全国推广。为此，他已经开始在义乌、广州这两个小商品生产集散地筹建采购中心，以方便以后向各地配货。

从修庆生的创业经历中，外向者应该总结出一点：“薄利多销”的营销方式、从“小”做到“大”，往往能找到财富的突破口，最终实现他人无法企及的成功。

总之，外向者们，这是一个细节制胜的时代，任何一件事件都是做出来的而不是喊出来的。那些看似不起眼的小项目，很有可能会为我们带来巨额的财富。

外向心理启示

外向者在投资中容易忽视细节，要知道，创业的成功、财富的获得，都不完全是机缘所致，最重要的是我们要懂得积聚财富，有少才有多，小钱才能变成大财富，做到积少成多，想必你也能成为富翁。

改正粗心大意的毛病，细致的外向者才会与财富结缘

不得不承认，不少外向者在做人做事过程中都有粗心大意的毛病，

忽视细节也让一些外向者付出了代价。在财富投资中也是如此，可以说，如果外向者能改正这一毛病，从细处着眼，外向者必定能做出一番成就。

我们都知道，世界上许多伟大的事业都是由点点滴滴的细节小事汇集而成的。要想成就一番大事一定要从小事做起，没有人生下来就是伟大的人。一个人，如果能关注细节，那么，他在成功之路上一定会少许多漏洞。相反，如果一个人不能关注细节问题，往往会因小失大，自毁前程。

因此，在财富投资或创业过程中，外向者们对于那些看似简单的事和细节都不能忽视，只有这样，小事才能变成大事，小财富才能变成大财富。

在中国传媒界，江南春这个名字早已被人们熟知，他是分众传媒的创始人，自公司2003年5月成立开始就担任董事局主席和首席执行官。提到他，我们不得不说他的智慧——发现了“无聊”中孕育的商机。

1994年，江南春还在华东师范大学读大三，但就在那时候，还不到22岁的他已经获得了人生的第一桶金——为无锡的一项市政工程做户外创意赚得了50万元。

1994年7月，港资永怡集团老板为整合旗下公司品牌，出资100万元让江南春组建永怡传播公司。江南春出任总经理，主营广告业务。

1996—1998年，江南春的公司几乎垄断了上海IT业的所有客户和IT广告市场。1999年，永怡传播已经占据了上海IT领域广告代理市场95%的份额，营业额达7000万元。

次年，他又涉足了互联网，代理了7个网站的广告业务。互联网公司当时正处于“疯”的状态，最高潮的时候，永怡传播不是需要跑业务，而是拒绝业务。那个时候，公司“钱赚疯了”。

然而，成功并不是那么容易的，因为刚涉足互联网行业，缺乏经验，2001年，江南春的永怡和其他很多互联网公司一样随着互联网经济泡沫的破灭而受到重创。在经历了痛苦之后，江南春开始思索一种新的媒介策略，因为广告代理行业往往是费力不讨好。

有一天，江南春去徐家汇太平洋百货办事，在等电梯时，他被电梯门口一张舒淇“redearth”的广告招贴画吸引住了。江南春为之一振，当时他想“我在电视上播广告怎么样，如果有比看广告还无聊的时间，大多数人还是会关注广告的”。

江南春第一步设想是在上海最好的50栋写字楼装上液晶电视播放广告，但从制作液晶电视到最终安装，整个过程相当麻烦。当时市场上没有液晶电视，他找到一家台湾液晶厂商合作。2002年7月，第一台样机做出来，可是写字楼物业却不让装，因为5厘米液晶电视太厚了，后来又改成3厘米。

更大的一个麻烦是，很多楼宇的物业公司对这种新事物持怀疑态度。江南春就亲自上门游说物业公司，不久300台价值8000多元的液晶电视先后进驻50栋高级写字楼。

江南春心里很清楚，他需要尽快占领上海商务楼宇市场。当时在他看来，真正有价值的商务楼宇不到100家，不过，他开列了一张有202幢楼宇的名单，组成了一支七八个人的楼宇开发队。这支队伍开始带着样机，频繁出入上海的商务楼宇。

他拿出当年刚开始打工时的劲头，挨个公司亲自拜访，还拍了宣传光盘给客户看，很快招商银行信用卡、轩尼诗洋酒等几个牌子第一批下单。2003年还没来到，江南春手里已经拿着一、二月份200多万元的广告订单了。

翻一下分众传媒的董事会名单，不乏重量级的企业家，余蔚（维众创业投资集团有限公司董事局主席）、沈南鹏（携程总裁）、曹国伟（新浪CEO）均列其中。

如今，利用别人的无聊来赚钱，正逐步形成一个新兴的潜力巨大的产业群。今年以来，雅虎、巨人网络、阿里巴巴等众多国内外知名企业都表示出对SNS（社交网络）的兴趣，而且正准备参与这方面的并购。这都说明这个产业正迅速崛起。

当大家把“无聊”的眼球兑换成现金的时候，就成了一个产业，叫

“无聊产业”。“用无聊的时间来赚钱。”这句话几乎成了江南春的名句，但当时就是这么无意中产生的。

在财富投资中，外向者要想改正粗心大意的毛病，就要做到：

1.培养细致的观察力

人的成功，来自于智慧的运用。而智慧的产生又和人对客观事物的观察分不开。没有观察，就没有正确的思考，就没有新事物的发现，也就没有了智慧与成功。要获得智慧，首先应该做的事情是：打开观察力的宝库。生活中的外向者们，从现在开始就培养自己的观察力，留心身边的商机，才能有所发现，有所成就。

2.脚踏实地，不要企图一夜暴富

要知道，任何事情的成功都不是一蹴而就的，财富的获得也是如此，但凡成功攫取第一桶金并在事业上做出一番成就的人，他们都是脚踏实地工作的人，他们无不是着眼于现在、关注于手头上的每一件小事，在积累中实现卓越的。

3.思维缜密，找到并避免投资中的失误

在投资过程中，一次小小的失误就有可能导致失败，要避免这一点，外向者就要做到思维缜密、将细节考虑到，只有这样，你才能实现自己的财富梦。

外向心理启示

一切的投资成功者都是因为认识到细节的力量，他们不但有敏锐的发觉商机的眼光，更能做到不因为自己所做的是小事而有所倦怠。

眼光独到，外向者投资别跟风

与生活中的很多人一样，作为外向者的你可能也有发财梦，要想致富，就要投资。然而，可能你也发现，不少人像着了魔似的，他们不再关注国家新闻、社会时事，他们开始关注报纸上的金融栏目，开始打听各种小道消息……不得不承认，无论投资市场如何，总有一些人能从中捞到财富。但奇怪的是，不知为什么，富人总是越来越富，而薪资微薄的芸芸众生却并未因为投机而富裕起来。从这里，我们能看到跟风投资并不会真正让你发家致富。真正能从投资中获得财富的往往是那些眼光独到的人。

因此，作为外向者，在投资中一定要有自己的主见，要有内向者做事的冷静，不可跟风从众。

心理学上有个著名的羊群效应，关于这一效应，有这样一个实验：一群羊前面横放一根木棍，第一只羊跳了过去，第二只、第三只也会跟着跳过去；这时，把那根棍子撤走，后面的羊，走到这里，仍然像前面的羊一样，向上跳一下，尽管拦路的棍子已经不在了，这就是所谓的“羊群效应”，也称“从众心理”。

羊群效应所表现的就是人的一种从众心理，而这一心理，很容易导致盲从，甚至会陷入骗局，遭到失败。

这一效应的出现一般是在一个热门行业中，并且，这个行业中有个“领头羊”，他的一举一动都能挑动人们的神经，他去哪里，人们就跟着他去哪里。在投资市场，羊群效应表现也尤为明显，以投资股票为例，当大多人都不了解什么是股票，如何正确投资时，他们很容易盲目跟风、投资，最终出现亏本、股票被套牢的局面。

关于如何投资这一点，美国股神巴菲特提出一条定律：在其他人都投了资的地方去投资，你是不会发财的。

巴菲特定律是有美国“股神”之称的巴菲特的至理名言，是他多年投资生涯的经验结晶。从20世纪60年代以低价收购了濒临破产的伯克希尔公司开始，巴菲特创造了一个又一个投资神话。有人计算过，如果在1956年，你的祖父母给你10000美元，并要求你和巴菲特共同投资，如果你非常走运或者说很有远见，你的资金就会获得27000多倍的惊人回报，而同期的道琼斯工业股票平均价格指数仅仅上升了大约11倍。无怪乎有些人把伯克希尔股票称为“人们拼命想要得到的一件礼物”。在美国，伯克希尔公司的净资产排名第五，位居美国在线-时代华纳、花旗集团、埃克森-美孚石油公司和维亚康姆公司之后。

巴菲特能取得如此疯狂的成就，得益于他所信奉的圣经，他不把投资的眼光都放在那些已经很热门的领域，而是找到市场空隙。无数投资人士的成功，无不或明或暗地遵从着这个定律。

我们再来看看比尔·盖茨的投资理念：

很久以前，几乎所有人都认为只有硬件才能赚钱，比尔·盖茨是第一个看到软件前景的商人，而且“以软制硬”，把其软件系统应用到所有行业或公司。微软开发的电脑软件的普遍使用，改变了资讯科技世界，也改变了人类的工作和生活方式。人们把盖茨称为“对本世纪影响最大的商界领袖”，一点也不过分。现在，传统经济已让位于创造性经济。美国统计表明，去年年底，只有31万员工的微软公司，市场资本总额高达6000亿美元。麦当劳公司的员工为微软的10倍，但它的市场资本总额仅为微软的1/10。尽管21世纪依然有汉堡包的市场，但其影响和威望，远不能同微软相比。

微软还是第一家提供股票选择权给所有员工作为报酬的公司。结果，创造了无数百万富翁甚至亿万富翁，也巩固了员工的忠诚度，减少了员工的流动。这一方法被别的企业竞相采用，取得了巨大的成功。

微软处处领先，靠的是什么，就是创新。要最大限度地发挥人的潜能，就不要受制于自缚手脚的想法。成功者相信梦想，也欣赏清晰、简单但很有创意的好主意。

可见，无论是股票还是其他投资，外向者如果想要投资成功，就要避开那些饱和的市场，而选择他人没有涉足的区域。这一长远眼光的发展战略，不但能避开强劲的竞争对手的拼杀，而且独自开发了一个前景广阔的市场。

生活往往就是这样，你先抢一步，占尽先机，得到的是金子；而你步人后尘，东施效颦，得到的可能就是失败。

为此，任何一个致力于投资的人，都需要记住几点：

（1）找到市场空缺；

（2）把投资眼光放在别人不屑投资的项目上；

（3）对于那些已成态势的领域，要做出特色。

对此，巴菲特总结了10项投资要点：

（1）投资要有规律；

（2）明确买价，它决定你报酬率的高低；

（3）税负的避免和利润的复合增长与交易费用使投资人受益无穷；

（4）不在意一家公司来年可赚多少，仅有意未来5～10年能赚多少；

（5）价值型与成长型的投资理念是相通的：价值是一项投资未来现金流量的折现值，而成长只是用来决定价值的预测过程；

（6）通货膨胀是投资者的最大敌人；

（7）要把投资对象放到未来收益高的企业；

（8）投资人要对所投资的企业进行全面了解，才能获得财务上的成功；

（9）“安全边际”从两个方面协助你的投资：首先是缓冲可能的价格风险，其次是可获得相对高的权益报酬率；

（10）拥有一只股票，期待它下个星期就上涨，是十分愚蠢的。

外向心理启示

外向者在投资中要学会冷静观察，要有内向者缜密的思维，如果你能使自己站在少数人的行列，那么，你就会成为赢家。

[第11章]

外向者的爱情心理策略：用热情与活力将对方感动

爱情估计是世间最为美妙的东西，因此才会有那么多人不断地追求与向往。爱情也应该是人世间最美好的一种情感，所以才会让人品味到一种难以言明的幸福。爱情应该有超强的磁力，所以人们不惜耗尽一生的精力去追求这种至纯至美的爱情。然而，对于性格外向者来说，由于他们的一些个性心理特征，他们在婚姻中易表现出以自我为中心、什么都不上心、向往激情等，他们在爱情和婚姻中也遇到了一些困惑，的确，在爱情中，仅仅有爱还是不够的，还需要人们用心去经营，去维系，因此，外向者们，如果你能掌握一些专属自己的爱情心理策略，那么，你不仅能掌握主动，还能让你们的爱情更亲密、融洽和快乐！

外向者想要得到爱人心，先要把握对方的性格

有人说，爱情是世间最美好的东西，因为爱情应该是世间万物自然孕育而成，它本来是无形的，所以不能刻意地给它总结答案。人们也常把爱情是否有美好的结果归结为缘分，的确，缘是一种很难说清楚的东西，也很难说清楚是怎样的缘分指引我们走过岁月的千山万水。在生命

的际遇里相识相知，人的一生该有多少意想不到，在记忆的天空里像一朵淡淡的云，来时坦然去时从容。这就是缘分：缘分如水，来去自由。

然而，我们也常听到人们将分手的原因归结为“性格不合”，其实并没有什么所谓的性格不合，性格不合都是找得到深层次的原因的。比如修养不合、品位不合等，然而，我们必须要承认的一点是，每个人都有自己所欣赏的个性性格类型，外向或者内向。在恋爱中，作为性格外向的你，是否有这样的经历：你激情四射、满腔热情向爱恋的人展现自己的爱意，但却并未得到对方同样的回应；你追求了很久的一个女孩，相处一段时间后却发现你们并不合适，此时的你感叹：要想得到爱情，一定要把握对方的性格。

琪琪是个外向的女孩，她在相亲派对上认识了一个男士，开始两人相处的还不错，但很快琪琪就发觉两人性格不合，因为她发现男孩性格内向、不爱说话，经常让谈话陷入尴尬境地，于是，她打算找一些借口断绝和对方往来。

“下周末我们还去郊外钓鱼怎么样？”临分别的时候，那个男士又邀请琪琪。

“下周我们一直都要上班，周末也是。”

“那就再下周了。”

“那就再说吧，最近总是在周末出去玩，我周一上班都没什么精神，我要回去休息了。”说完以后，琪琪以为对方会找借口离开，但没想到的是，这个男孩居然问：“我知道你是想拒绝和我交往了，我想知道这是为什么。”

男孩的一句话问得琪琪马上脸红了，不过她还是坦诚地回答：“是的，我觉得我们确实性格不合，就没有必要再交往下去了。”

“没有所谓的性格不合，只是我们内心的深层次需要不同而已，我想，我们之间还是缺乏沟通，希望你能再给我一个机会，也许你会发现一些不一样的东西。我知道我个性内向，话不是很多，但这并不正是说明我们性格互补吗？”

这一番话着实让琪琪对男孩刮目相看，也许自己该重新考虑一下坐在对面的这个人了。

和案例中的琪琪一样，有些情侣分手或夫妻离婚后，被人问及原因，她们或他们会轻描淡写地说：性格不合吧！这种口气像是在谈一件考古的事。性格绝对没有合不合之说，只是深层次需求不同，然而，外向者也包括所有渴望爱情的人，有必要了解爱人的性格类型。

对此，我们可以对两种完全不同性格类型的人作出总结：

1.外向者

如果你的爱人有这样一些特点：他们直来直去，有棱有角，并且什么都挂在脸上，他们是情绪化的动物，他们很健谈，感情外露；热情洋溢；好表现；做事有兴奋度但不长远；对事好奇；天生舞台上的人才；天真无邪是永远长不大的孩子；现实性强；性情善变；喜欢即兴的活动。他们更是各种聚会的核心，因此，与这样的人交往，我们常感到毫无压力、轻松惬意。而这样的人，他们也是爱憎分明的，虚伪猜忌，往往会使他们产生强烈反感情绪，并且他们还会把这种不满表现在脸上，使你们之间的心理距离扩大，所以，我们应该诚实。

总地说来，性格外向的人有以下特点：

他们能给家庭带来欢乐，被孩子们的朋友喜欢，始终以苦为乐。

他们善交朋友，但也容易忘记朋友；热爱别人；喜欢赞扬；令人羡慕；不怀恨他人；善于道歉，但很快又犯。

他们工作主动；喜欢新鲜事物；注重表面；富有创造性；积极乐观；充满干劲的工作者；闪电式的开始；喜欢鼓励他人做某事；吸引他人一起工作。

在婚姻爱情中，外向者更主动、富有热情，懂得为爱人制造惊喜和浪漫，但常常表现出冲动、缺乏思考的毛病。

2.内向者

如果你的爱人有这样一些特征：沉默寡言，甚至面无表情，在他们的语言词典里，似乎就只有“是”与“不是”，或者“行”与“不行”，让人觉得无法与其攀谈，让交际场合显得尴尬。那么，他们很有可能是个性内向者。

内向者最显著的特征是他们从自己的内在世界，如思想、情绪和观念中获得精力。他们常常限制自己的社会交往，他们更喜欢独处、独立思考，在爱情中通常较被动，但感情稳定，理智多过冲动，这样的爱人常会给外向者带来安全感。

外向心理启示

外向者更适合于什么个性的人恋爱、结婚并没有定论，但外向者要想获得真正的爱情，依然需要了解爱人的性格类型，只有这样，才能找到正确的相处方式，从而俘获对方的心。

外向者别什么都不上心，忽视细节让爱降温

生活中，我们常听到一些人说：“细节决定成败”，其实这句话不仅适用于工作、追求事业，还适用于婚姻和爱情中。性格外向者在婚恋中尤其需要注意这一点，他们个性大大咧咧、不拘小节，往往忽视对方的需要、感受等，当爱情在他的忽略中逐渐降温时却浑然不觉。同时，外向者假如能停下来看看一些小细节，也能发现很多与爱人相处过程中的美好。我们先来看下面的故事：

杨欣是个开朗、大方的女人，有着众多女性羡慕的生活，她自己经营着一家皮具公司，有自己的品牌，生意红红火火，而她的老公，因为生意上的失利，最终赋闲在家，当上了全职煮夫，每天接孩子，做饭，洗衣服。但杨欣心里是不乐意的，因为在外人看来，她的丈夫很没出息，于是，经常一回到家，她不管遇到什么不开心的事儿，都会朝老公发泄，幸好，老公是个好脾气的男人，从来不跟她计较。时间一长，她

觉得，自己赚钱养家，老公似乎就该忍受自己的坏脾气。但经过一件事之后，她才发现，原来自己一直都是身在福中不知福。

这天，她正在办公室看资料，看到不明白的地方，她打电话给秘书小吴，但电话却占线，于是，她走到小吴的办公室，原来，小吴和家人正在通电话，好奇心驱使她继续听下去，她隐约听到小吴说："我知道了，你说晚上要吃红烧鱼，家里要来客人？你放心，我一会儿下班就去买菜。你说，女儿还是我接？那行吧，我买完菜去学校门口等女儿……"

小吴终于挂了电话，杨欣在门外叹了一声：辛苦的女人！正巧，小吴看到了站在门外的杨欣，于是，她赶紧说："董事长，不好意思，家里有点事，刚占用了点工作时间。"

"没事的。我看你每天要工作，还得照顾家庭，这不是很累吗？"

"是啊，我真的羡慕董事长您，每天回到家里，您爱人都能理解您，自己做家务，其实，有时候，人们常说，应该男主外，女主内，其实我看，任何一种模式都可以有幸福的生活。我虽然累点，但是每天下班就能看到丈夫在家，看到父母健健康康的，也就不累了。"

"是啊，自己怎么没看到这些幸福呢？"杨欣在心里说道。

这天下班后，杨欣回到家，听到丈夫说："回来了？赶紧来洗手，马上开饭。"看到系着围裙在厨房做饭的老公，杨欣第一次发现，原来自己这么幸福，她忍不住走到老公身边，从后面抱住老公，对他说："亲爱的，辛苦了。"听到妻子这么说，丈夫也会心地笑了。

的确，从这个温馨的瞬间，我们发现，婚姻中，要找到幸福，关键不在于发生的事情，而在于你我发现幸福的能力。这就需要我们关注细节，从细节处用心体会，你就能感受幸福。因为幸福就是下雨时的一把伞；幸福就是饥饿时的一块面包；幸福就是寒冷时的一件棉衣，一团火；幸福就是有人关心，有人疼爱，幸福就是快乐，一种乐趣。幸福永远在路上。

对于外向者来说，他们似乎总风风火火，对于爱情亦如此，热恋中，他们可以和爱人如胶似漆，但却总是表现出不够细致。如果你是一名外向者，你是否注意到：你的爱人喜欢什么颜色？喜欢什么食物？上次感冒是什么时候？可能你回答不上来，但内向者则可以，他们并不会像外向者那般给出海誓山盟，但却懂得用行动来呵护爱人，这是外向者们应该学习的。事实上，对于不少女性来说，她们选择性格沉稳、内敛的内向者也就是这个原因。作为外向者，从现在起，不妨细致一点吧。

小王剪了一个新发型，她非常不满意，几乎和理发师当场吵起来。当她极其不安地回到家的时候，她的老公却称赞她发型的清爽和简洁，在老公的赞美中，小王的怨气一股脑儿全消了，心情变得大好，还为老公做了一顿美餐。

当你的爱人换了新发型后，你是否发现了？是否给出赞美了？如果你总说忽略他（她）的那些细小变化，久而久之，她也就不再愿意为你改变了。

那么，外向者在婚恋中该注意哪些细节问题呢？

1.永远都要把微笑给你的爱人

笑容是一种令人感觉愉快的面部表情。无论在外你遇到什么事、有多少委屈和压力，都不要向你的爱人发脾气。一张笑脸也能给爱人、给你们的爱情一份安全感。

2.关心你的爱人

细致的呵护永远是让爱情恒久不变的法则，这需要你用心关心爱人，对爱人嘘寒问暖，比如，在对方生病时送去感冒药，为忙至深夜才归的爱人端上一碗热汤等，这些看似十分细小的举动，都会深深地打动对方。

3.小事情制造惊喜

当然这样的小事情应该符合以下几个特点：

第一，一定是有利于对方的事情；

第二，一定是对方容易在生活中忽视的事情；

第三，这件事在对方看来一定是惊喜和意外。

可见，在与爱人交往的过程中，外向者要克服粗心大意的毛病，要对爱人细腻温柔，要学会真正关心爱人，为爱人多做一些小事情，这样，爱人之间的关系才会越发亲密。

外向心理启示

心理学家指出，在爱人之间，越是微小的细节越能打动人心。能否充分重视交往中的细节，直接关系到爱情和婚姻的成败，外向者也要注重交往细节，只有从小事上关心爱人，才会让爱情升温。

外向者有着自由的翅膀，别试图绑住他们

前面，我们已经分析过，相对于内向者而言，外向者更渴望自由，更希望有相对宽松的生活和工作环境，同样，在婚恋中，他们也不希望被束缚，希望爱人能给自己更多的空间。因此，如果你的爱人是一名外向者，你最好明白，他有一双自由的翅膀，别试图绑住他们。

有人说：因不了解而在一起，因了解而分手。大概说的就是外向者的爱情，他们不希望自己因为有了爱情或婚姻，就失去自由。

老王是某单位的员工，从学生时代开始他就向往诗人般自由的生活。

他有一位品貌俱佳的妻子，她在单位里是中层干部、先进工作者，在家里她是贤妻良母，她对丈夫照顾得无微不至。她从不让丈夫洗衣做饭，丈夫加班，她去送饭。丈夫穿的用的，全是她买，丈夫的皮鞋、领带都是她擦、她系，丈夫“爬格子”，她总是左右侍候，端茶倒水。每每谈起“内助”如何，大家总是羡慕老王的“福分”，羡慕他们亲密无间，朝夕相伴。

但老王总觉得自己的妻子与人家相比有天壤之别。然而，半年后，老王居然与他的贤妻分手了，据说单位和亲朋好友调解多次，妻子也不解地问他“哪点对不住你”，但他铁了心，坚持离她而去。很多同事曾

直截了当地问他是否另有新欢，是不是喜新厌旧，他只是说：“过腻了，这样活着，吊不起胃口。”

看完老王的故事，想必你已经明白为何老王铁了心离婚，因为老王是个爱自由的外向者，循规蹈矩的婚姻生活让老王过腻了，这里，我们发现，朝夕相伴，无私奉献，爱情之火也不一定就能持久地燃烧，我们首先要做的是对爱人的了解，给对方想要的生活才能让爱情持久。

婚姻中，如果你的爱人是一名外向者，那么，你最好不要企图把外向者拴在你的身边，他们需要自由、独立的生活。大概“我们要天天思念，但不要天天相见；只需要悱恻缠绵，绝不要柴米油盐；有共同生活的经验，绝不用共同的房间……”就是外向者对于爱情的心声。他们认为，一对夫妻要想使自己的婚姻幸福，双方就必须有自己独立的生活空间。的确，两个人结了婚，并不意味着与过去的生活全部割断了联系，这种过去的生活有时甚至还对我们的人生起着关键作用，这就需要我们给对方一点自己打理自己的空间。可以说，认识到夫妻需要一定的距离是人类婚姻进入文明时代的标志之一，它表明了人们对爱情、婚姻已经有了更多的理智，夫妻之间留点距离还便于我们反省自己婚姻的得失。然而，婚姻要有距离并不是非得可以远离彼此不可，婚姻的距离也要有一个限度，超过了这个限度，婚姻一样会疲劳甚至夭折。

那么，婚姻爱情中，我们到底该怎样与外向者相处呢？

1.认识他们不能准时和不能持续的特性

他们喜欢新思想以及新计划，但却很难持续去完成一件事。所以，和他们相处，不能指望他们会和你坚持到底。

2.理解他们说话不会三思而后行

他们是一种先张嘴后思考的人。他们并不想鲁莽，但事实上却是如此。所以理解他们说话不会三思。比如，如果外向者讲出一些让你生气的话，也不必在意。

3.承认他们喜欢变化和富有弹性的表现

他们总想事物不断更新，在充满乐趣的气氛下，他们会有最佳的表现。让他们干有规律并且很枯燥的工作则不能尽其所能。外向型的女人需要大量衣服、金钱、舞会和朋友，而不会甘于平淡。外向型的男人对新工作充满热情，在新鲜感消退前，他会干得很出色。

4.别让他们去做力不能及的事

他们热衷于所有新事物，样样都愿意参加。与他们相处，他们会很有热情，但如果你让他们做的事超出他们的能力范围，他们就会逃避。所以别让他们去做力不能及的事。

5.别指望他们记得约会的时间或守时

外向的人比较粗心，他们经常是早出发，但常因路上遇到的事情或美景而迟到。他们也常犯忘拿东西的错误。所以原谅他们的迟到。

6.称赞他们做成的每一件事

由于性格外向型的人没有持续做事的特性，让他们完成一件事是相当的困难。所以他们需要经常得到赞美以坚持下去。表扬是外向型人的精神食粮，没有表扬他们就不能生存。

7.他们很易受外界环境影响

他们的情绪随其境遇而起落。所以他们很易受外界环境影响。不要与他们置气，原谅他们的情绪化。

8.外向型的人喜欢新礼物和新玩具

无论礼物怎样，他们都会很兴奋。有些外向的人天真无邪，总像个小孩子，所以他们总在寻找新玩具以使日子过得开心些。

9.接受他们把别人认为尴尬事当作趣事来谈的事实

外向型的人经常会把自己的事一股脑儿地分享给别人，但是如果你是一个完美型的人，你的一些丢脸的事可能被他们讲出来，所以，你要接受他们把尴尬事当作趣事来谈的事实。

10.懂得并理解他们的行为很多是善意的

外向型的人想到的只是娱乐，而绝没有给人添麻烦的意思。他们经常喜欢开玩笑，但不会把握尺度。所以我们要懂得并理解他们的行为。

外向心理启示

爱自由是外向者的一个典型性格特征，婚姻爱情中，如果你的爱人是此类性格，你最好别企图束缚他们的手脚。

外向者别再以自我为中心，学着用理解去呵护爱情

我们都知道，在人际交往中，相对于内向者关注自己的内心而言，外向者似乎更希望从与他人的交往中获得认同，然而，一些外向者也容易表现出以自我为中心的特点，爱情中也是如此，在与爱人的交往中，他们更希望占据主导地位，一些名称诸如“大男人”“大丈夫”“大女人”就是这样来的。然而，外向者要想让你的爱情稳固长久，就要懂得体谅和理解你的爱人，就要摒弃以自我为中心的毛病。

周末，小晴被女友约出去逛街了，出门的时候，老公正好不在家，也就没有和他打招呼。没想到，晚上兴致勃勃的小晴一回家，老公就丢出一句：“上哪儿去了？”小晴逛街回来的好心情一下就没了。她本来正要拿出给丈夫新买的衬衫，结果被这句话噎得火冒三丈。

“我去哪里要你管吗？”

可能很多男人都遇到过这样的情况，那么，别怪老婆这样回你。因为她在老公的这句话里听到的，除了怀疑就是质问。男人从来都不懂得温柔，即使本意是出于关心。其实，如果在结尾加上一句“老婆，我好担心你”，也许效果会好很多。从古到今，中国的家庭模式就是“男主外，女主内”，所以，作为丈夫，在家庭中，一定要充当好保护者的角色，一定要懂得呵护你的妻子。

不得不说，在男女相处过程中，不少外向型的人都表现出以自我为

中心的毛病，他们要么有大男子主义，要么是女性主义，甚至对爱人呼来唤去，你可曾想过，你的爱人感受如何？爱人不是你的私有财产，是有血有肉的人。因此，少对爱人发脾气。

我们在不少家庭中也可以发现，一些有大男子主义的外向者，他们在婚前都对女友百般疼爱，尤其是在追求的过程中更是使出浑身解数，说尽各种甜言蜜语，但一旦结婚，似乎就有一种“既成事实”的感觉，认为只需要赚钱养家、给老婆充足的物质生活即可，实际上，婚姻中的女人同样需要各种体谅。很多男人常说，女人是一种奇怪的动物，你无法了解到她内心想的是什么。的确，男人很难读懂女人，更难读懂自己的妻子。因为男人没有用心去读过。其实，女人是可爱的，也是脆弱的。而人群中，你最关心的女人——你的妻子，常常也会让你感到疑惑，可能她嘴上问你为什么不发表意见，心里却生怕你发表意见。她嘴上叫你滚开，心里却想你把她搂得更紧一点。良妻有黄金的价值。

可能许多夫妻都有过类似的经历：很多时候，争吵都是因为一些鸡毛蒜皮的事，而一旦吵起来，就没完没了，闹得不可开交，甚至会引发婚姻危机。我们还发现，生活中，一些在众人面前说话柔声细语的男人、举止行为都极为绅士的男人一到家就变得怒目圆睁。殊不知，忍一时风平浪静，退一步海阔天空，多用幽默少动气不是一样可占尽心理上的优势吗？

的确，无论是男人还是女人，都希望在婚姻和爱情中获得尊重、体谅和理解，这也是爱情建立的基础。

为此，作为外向者，如果你不懂得体谅你的爱人，你必须做出以下改变：

1.理解爱人的唠叨

恋爱中的人尤其是女人在自己所爱的男人面前总有说不完的话，不是因为女人话太多，也不是因为女人太贫，而是因为爱那个男人，所以才愿意和他分享所有的心事。

女人总是会问“你饿不饿呀”“你冷不冷呀”诸如此类的问题，不是因为女人太琐碎，而是因为女人关心男人的生活，因为男人很多时候太过粗心。

2.吵架时不要沉默

一些外向者在吵架时会想："只要我闭上嘴不说话，就万事大吉了。"然而，对于恋爱中的人来说，他们是敏感的，沉默更是可怕的，因为他们很重视对方的回应。可是在吵架的时候，爱人却常常亮出沉默这个撒手锏。"他为什么不说话？是不是不屑于跟我说话？还是有什么事情瞒着我？他不再爱我了吗？"不要怪爱人的联想没逻辑，因为你的沉默吓到他了。

3.记住你们之间特殊的日子

恋爱中的人都希望彼此能记住诸如纪念日、生日之类的日子，不是期望得到更多的礼物，而是希望能怀念更多共同的记忆。

4.说些关心、爱护的话

你的爱人每天都需要面临繁重的工作压力，还要承担一些家庭的责任，为此，当你的老公或者老婆回家累了还要做饭的时候，你要说："这么辛苦，我来吧！"明智的爱人也会想到你的辛苦，得到了关心和承认，对方的工作干劲会更大！

5.别忘了说"我爱你"

在适当的时候或心情愉悦的时候总是真诚地对爱人说："我爱你！""爱你的一切！"看到这里，也许有人会嗤之以鼻："老套！"但究竟有几个人能做到呢？

外向心理启示

外向者在爱情中更是表现得以自我为中心，但只有尊重和理解才是让爱情长久的基础，为此，你有必要进行改正，学会用心去呵护和体谅你的爱人，才能让婚姻、爱情更长久！

外向者太过向往激情，要知道细水长流的爱情才长久

生活中的每一个人，都希望自己事业顺利，爱情顺利，与自己的爱人长相厮守，这是人们的美好愿望，但实际上，并不是所有人都时时刻刻享受到甜蜜的爱情。对于很多人来说，最令人们伤神的是良好的情侣关系难以为继，尤其是当他们的爱人是外向者时，他们有着更强的情感危机。因为相对于内向者而言，外向者的个性因素最不平稳，在爱情中，他们更向往激情，他们不喜欢一成不变的情感模式，他们就像风一样，一旦他们认为爱情不存在，他们就会掉头离去。然而，如果你是一名外向者，你需要明白的是，真正能长久的爱情是平淡的，细水才能长流，学会珍惜，才能感受最平淡的幸福。

一名男子在经历了几年的事业打拼后，事业有成，但对自己的婚姻却产生了厌倦的情绪，却对妻子的闺蜜产生了好感。几经思索后，他决定邀请妻子闺蜜，而对方也答应了她。

出门的时候，他向妻子撒了个谎，说晚上有应酬，晚点回来，妻子也没说什么。

男子如约而至，妻子的闺蜜已经等候多时。于是，男子开始与其交谈，席间，自然少不了他们共同熟识的人——妻子。男子抱怨妻子如何如何地让他感到厌倦，说妻子只懂得柴盐油米，不懂得浪漫。他试图握住妻子闺蜜的手表白心意的时候，妻子闺蜜对他说，对不起，时间到了，我答应了我的朋友。

他惊讶地问："你朋友是谁？"

妻子闺蜜说："你的妻子。"

他愕然了，一副垂头丧气的样子。他居然觉得很惭愧，怎么能这样对待勤勤恳恳的妻子呢？

他拖着沉重的脚步推开家门的时候，妻子在等他。妻子对他说，这

不怨你，我还有做得不周到的地方。他感到无地自容，只有深深的愧疚和感动。他们俩紧紧拥抱在了一起。

后来的日子，他们彼此之间多了一分信任，一分恩爱。

案例中的男子想必是个性格外向者，为了寻求婚外的激情，他背叛了自己的妻子，但好在他的妻子是一位大度的女人，当朋友告诉她自己的丈夫有出轨的想法时，并没有气势汹汹地和丈夫吵闹，而是给丈夫一次反思的机会。然后心平气和地承认自己的不足，并表示自己是爱丈夫的。她用智慧与宽容挽救了她的家庭和幸福。

当今社会，物欲横流，感情泛滥，情又为何物？婚姻总是被背叛、出轨、一夜情这样的毒素所充斥。一些男人女人经常会用一句最简单的话“对爱人没有了激情！”作为出轨的理由，去追寻激情。可是，激情过后，他们会发现，外面的世界虽然精彩，可是也很无奈和虚伪，平淡才是真，爱人才是你永远的守侯。

同样，作为性格外向者，你也需要认识到平淡幸福的可贵，激情过后只有家才是最平静的港湾，才能为你遮风挡雨，当然，也不是所有的爱人都和案例中的女人一样能做到选择原谅，如果对方不能冷静处理，那么，你的婚姻只能亮起红灯。

为此，外向者你需要做到：

1.懂得知足，珍惜现在的幸福

“知足才能长乐”，芸芸众生都知道这个道理，但只有极少数人才能达到这个境界。

对于现在的生活，你应持有知足的心态，放下对于别处的风景的幻想吧，我们都有自己的天空，有自己的土地，有自己的蓝天，有自己的快乐，有自己的幸福，不去羡慕别人，这样你的生活才会变得悠然平静，从容不迫！

2.注重精神世界的充盈

细心的你也可能发现，那些爱看书、听音乐、旅游的人看起来笑得更舒心，因为他们的业余生活是丰富的、充足的，他们不会为那些虚无缥缈的物质生活烦恼，他们满足于现在的幸福生活。因此，丰盈精神世界是克制我们的欲望的良好方式，比如，周末，你可以和爱人一起学习英语、练瑜伽、读名著等。这样，不但丰富了你的精神世界，还加深了你和爱人之间的感情。

外向心理启示

真正的幸福，不是过去也不是未来，而是抓住现在手心里的幸福。婚姻爱情中，外向者不要认为别人的人生就一定会比你的好，你不是那个人，其实每个人的人生都不会比你更容易，扮演好自己的角色，这样就会拥有一个属于自己幸福的人生。

外向者的出轨心理：欲望与理智的较量

有人说，人世间最美好的事物就是爱情。我们也会经常听到一些经典的“爱情”故事。遗憾的是，自古以来只有经典的爱情，却鲜有经典的婚姻。因为当轰轰烈烈的爱情被平淡单调无限重复的柴米油盐生活所替代时，再伟大的爱情弹指间也会烟飞灰灭。于是乎就有了一种流行的说法——婚姻是爱情的坟墓。因为婚姻，曾经的亲昵、曾经的山盟海誓已经渐行渐远。其实原因很简单，没有很好地处理婚姻和爱情的关系。虽然如此，人们还是乐此不疲地追逐爱情，为什么呢？道理也很简单，人们还是希望爱情的常驻。

然而，不少人却选择了一条错误的道路——出轨，好像出轨能让人寻求到刺激，这其中也有不少外向者，然而，对于他们来说，他们有着纠结的出轨心理，一方面，他们渴望寻求刺激，但另一方面，他们内心又会受到道德的谴责，这两股力量相互较量。

作为外向者，在婚姻和爱情中，他们讨厌一成不变的相处模式，他们渴望寻求新的体验，但这并不意味着你只有一种方式——出轨，要知道，你以为的婚姻中问题的出现责任全在对方吗？婚姻是什么？贫穷不可以忍受，富裕不可以共享，平淡无奇？结婚几年过后，你们之间是不是已经毫无激情，剩下的只是无休止的争吵？你可曾反省过，在几年乃至几十年的婚姻中，你用心呵护过、为其保鲜过吗？

一个男人，事业有成，这天，是他与妻子的结婚纪念日，早上，秘书提醒他这点后，他给首饰店打了个电话，订了一枚最新款的戒指，他对服务员说："请把戒指包好，天黑之前送到我家，给我妻子，我还要参加一个会议。"并让服务员帮忙写了一张卡片："亲爱的，晚上我还有一个会议，抱歉不能与你共同庆祝。"其实，这天也是他的情人的生日。

晚上，他离开情人的住处，回到公司来到天台，准备透透气，就在到达楼顶门口的时候，他看见一个老师傅，在天台中央点了一排蜡烛，半跪在那里，对一位白发苍苍的老婆婆说："老伴儿，今天是我们结婚三十年的纪念日，三十年以来，谢谢你对我的照顾，我们无儿无女，我希望我们都还能活三十年，彼此依靠。"简短的几句话，充满了情意，男人的眼眶湿了，是啊，两个白发苍苍的老人，尚且还明白表达爱意、保鲜爱情，自己为什么总是以工作忙忽视妻子的感受呢？

接下来的事情是，他跑下楼发动汽车，赶紧回家，当男人开车回家时，看到妻子对着一桌子的菜发呆，不禁失声哭出来。

她向妻子保证，以后每年，都要带她去看看外面的世界，带她去吃最好吃的食物，看最美丽的风景，让她做世界上最幸福的女人，男人和他的妻子度过了一个快乐的结婚纪念日。

可是，让人久久思量的是，生活中，有多少人能和案例中的男主人一样，能及时悔悟呢？

爱情就像养花，要学会精心陪护，才能开出灿烂的爱情之花。现代研究表明，爱情极易在男女婚后18～30个月后消失，俗称"爱情昙花症”。它严重影响着夫妻之间的感情和和睦的家庭生活。婚姻中，当初那份心灵的悸动被烦琐的生活逐渐磨灭时，你意识到了吗？那么，到底怎么为爱情保鲜呢？有以下几条建议：

1.经常表达对爱人的关注

把其他事全都忘掉，全世界都消失无踪，只剩下亲爱的他，把你全部的注意力都放在对方身上，专心与他为伴。

在感情中，“感”觉“情”绪是关键。而当全神贯注时，我们传达了一份“我尊重你，我在乎你”的意念，这份用心会让对方觉得备受尊重，而能满足他心中渴望被尊重的情绪需求。

2.展现浓情蜜意

这里所指的，是肢体上的亲密感。也就是说，在每日的爱情保鲜时刻，别忘了动动口、动动手，用你的身体来表达爱意。

最佳的示爱肢体语言，我相信你一定也清楚，包括了热情拥抱、轻摸脸颊、牵手、搂腰以及亲吻等。除此之外，你还想得到什么独门的做法吗？

仔细想想，上述的这些肢体动作，都可以说是爱意的接触，而这也的确是关键所在，因为身体的接触，会产生不可思议的巨大力量。

说到此处，恐怕你心头早已冒出了些许微弱的声音：可是，卿卿我我这一套，根本不合乎中国礼教，何况都老夫老妻了，还这么恶心肉麻做什么？

事实上，心理学研究发现，抱不抱有差别，摸不摸有关系。

这是因为，当你以关怀的态度和别人发生身体接触时，彼此在生理上都会产生变化，压力激素降低，神经系统舒缓，甚至免疫系统功能也会随之增强。

而透过碰触、拥抱和亲吻，我们可以强烈地传递及接收爱的感觉，能够强化言语的情意，让爱情保鲜计划收到事半功倍的效果。身体的距离，往往反映出心理的距离。

3.小别胜新婚

偶尔做短暂分离。恋爱不在于朝朝暮暮，俗话说，小别胜新婚。特别在闹了一些矛盾之后，短暂地分离，不但使双方都有时间去冷静地思考、反省，而且，分离后相见时的神秘感也会成倍增长。

4.创造生活情趣

创造生活情趣，改变单一的、日复一日的、没有变化的生活。比如，突然地给对方带来一个惊喜，或者将自己打扮一番，变化一下发型，或者改变自己的房间布置等，都会使恋人感到新鲜和愉快。

外向心理启示

外向者在情感走私时，通常会表现得纠结，一方面是理智，另一方面是欲望带来的冲动，但作为外向者，一定要明白，激情只是一时的，努力经营自己的婚姻，你一定会尝到最美的幸福味道！

外向者择偶心理学：要学会享受平淡的婚姻

我们知道，每个人都有自己的择偶观，也就有自己的择偶心理。对于外向者来说，他们拒绝一成不变的相处模式，他们渴望寻求刺激，同样，在他们心中，爱人没有最好，只有更好，这就是为什么我们看到不少外向者总是在寻求所谓的“真爱”。事实上，人的一生都在选择中度过，因为有所选择，所以希望最终得到的是最好的，也因为时刻都在选择，所以无法判断什么才是最好的。其实，根本没有什么最好的，只有最合适的，学会珍惜，学会包容，学会忍耐，这才是幸福婚姻的真谛。

苏格拉底是古希腊最伟大的学者之一，他有很多学生，他并不是以灌输的方式教育学生，而是喜欢通过简单、普通的行为来让学生学到很多哲理。

一天，他带领学生来到一片金黄的麦地旁，这是麦子成熟的季节，饱满的麦穗在风中摇曳。

苏格拉底对学生们说：“现在，你们的任务是找到这片麦地中最大的麦穗，但任务的规则是，只许进不许退，千万别回头，我在麦田的尽头等你们。谁能找到那颗最大的麦穗，谁就可以顺利毕业了。”听到老师的话后，学生们都出发了，在他们看来，这并不是一件多么难以完成的任务。

绿油油的麦地里，到处都是大麦穗，到底哪颗才是最大的呢？学生们只好一直往前走，他们看看这一颗，好像不够大，再往前面看看，当他们拿到下一颗时，又觉得不够大，最大的肯定在前面，抱着这样的想法，他们总是扔掉了手中的麦穗。在他们看来，这么一大片麦田，还早着呢！

学生们一边低着头往前走，一边用心地挑挑拣拣，很长时间以后，他们突然听到了苏格拉底苍老的声音：“孩子们，已经到头了。”这时两手空空的学生们才如梦初醒。

看到学生们失望的表情，苏格拉底对他们说：“在这块长满成熟麦穗的麦田里，肯定有一颗是最大的，我们不能怀疑这一点，你们可能会遇见，但也可能遇不到，即使碰到了，也许你们并不知道它是否是最大的那颗。因为你们总认为最大的那颗在前方。因此，只要抓住手里的那一颗，它就是最大的，否则，你会一无所有。”

学生们听完老师的话，才明白了老师让自己摘麦穗的用意，他们悟出了这样一个道理：我们在择偶的过程中，就像在麦田中寻找最大的麦穗的过程，我们都在努力寻找，有的人见了那颗饱满的“麦穗”，就不失时机地摘下它；有的人则东张西望，一再错失良机。当然，应该追求最大的，但把眼前的麦穗拿在手中，才是实实在在的。

苏格拉底曾说：“爱情不分季节地点，遇上了值得一生守护的人，就义无反顾地爱，错过了，只能怀念。”这就是苏格拉底的婚恋观：选择爱人，没有最好，只有最适合的，在对的时间、对的地点出现的人，就是你一辈子的爱人。

生活中的外向者们都希望自己的爱情和婚姻甜蜜、温馨，但感情只有经历平淡才能长久，而且，争吵也是无法避免的。为此，你需要调整自己的态度，爱情中并没有所谓的更好，再热烈的爱情最终也要归为平淡。任何爱情，只有经得起平淡的流年，经得起时间的考验，最终才能修成正果，愈久弥香。

可见，外向者要学会享受平淡的婚姻，这需要你明白和做到：

1.浪漫是婚姻的奢侈品

爱情与婚姻中，无论是男人还是女人，也无论是外向者还是内向者，都希望自己的伴侣能为自己制造浪漫。诚然，浪漫能调节枯燥婚姻生活，让爱情富有新鲜感，但一味地苛求获得浪漫，会让对方产生负重感。另外，浪漫是需要付出代价的，首先需要我们考虑的就是现实的因素，制造浪漫一定要以现实生活为前提，在吃不饱穿不暖的情况下又何来浪漫？有句名言说“浪漫就是慢慢地浪费”，不得不承认的是，大多数浪漫爱情的背后，都隐藏着高昂的经济成本。

也就是说，在基本生活有所保障的情况下，偶尔制造一下浪漫，可以调节爱情与婚姻生活，给枯燥的生活增添一些色彩，让你的爱人更爱你，但如果你不考虑双方的生活情况，希望每天的生活中都充满惊喜，那么，你就太贪心了。

2.学会感知真正的浪漫

可能在追求浪漫的外向者看来，所谓的浪漫就是要和高贵的服装、精美的食品以及重金打造的约会氛围相关联，而实际上，这是一种错误的想法，浪漫是一种情感，而不是一种硬性规定，当你赋予它属于自己的含义时，你就明白了什么是真正的浪漫。比如，对于一对婚龄很长的夫妇来说，偶尔的一封情书就是浪漫，餐桌上互相夹菜也是浪漫，甚至相拥而睡时的一句晚安都是一种浪漫。

3.以平和心面对夫妻矛盾

家庭矛盾是无法回避的。既然有矛盾就会有斗争。夫妻相爱一生的经历也是“战斗”一生的过程。争吵作为一种“战斗”的方式，有时也是一种必要的而且行之有效的选择。因此不要将吵架视为洪水猛兽，吵架是我们家庭生活中的一部分，正像天晴久了下一阵雨一样的自然。

总之，外向者要摒弃“没有最好，只有更好”的择偶心理，更要学会享受平淡的幸福，幸福的获得在于我们对现实生活的感知，来源于我们不断的努力，在于我们对自己的认知，当我们做到这些后，也许，你会发现，其实，幸福一直都在！

外向心理启示

对待婚姻和爱情，外向者们要有平和的心态，要明白平平淡淡才是真的道理，要知足，只有这样，我们才能感受到婚姻生活中的浓情蜜意。

[第12章]
外向者的社交心理策略：保持“开放式”状态

相对于性格内向者而言，外向者更善于社交，他们与人为善、个性开放，但在与人打交道的过程中，也常会犯一些错误，比如，因个性好强而得罪人、嘴巴太快伤了他人自尊、与人太过亲近让他人厌烦等，对此，作为，一名外向者，我们应该掌握一些社交心理策略，继续发扬我们的性格优势，改正个性中的不足，多从他人的角度、关注对方内心的感受，时刻保持开放的状态，相信你能获得一个好人缘。

外向者别太好强，不给他人留面子

我们都知道，性格外向者更倾向于从与外在世界的联系中获得快乐，尤其是他人的认同和肯定，外向者是天生的外交家，他们擅长社会交际，然而，外向者在人际交往中偶尔也会表现出性格中劣势的部分，一些外向者太过好强，常常在无意中伤害他人的面子，得罪了他人却不自知，要知道，中国人最重视面子，面子就是尊严，伤什么不能伤面子。

古人云：“处事须留余地，责善切戒尽言”，尤其是性格外向者，更要记住，“遇事不能偏激，有理不要过头”的道理，给他人留面子就是给自己留退路。懂得为他人留面子的人，往往在人际交往中如鱼得水，而那些说话、做事不经过大脑的人，常常会因为一不小心伤了朋友的面子，自然失道寡助。

因此，聪明的外向者，你需要记住，任何一个善解人意的人，都不会让他人失了面子。我们来看看“第六枚戒指”的故事：

美国经济大萧条时期，有个姑娘，高中毕业以后，她来到一家珠宝店上班，她很珍惜自己的工作。为此，她努力地工作着。

就在圣诞节的前一天，在她当班的时候，珠宝店来了一个衣衫褴褛的顾客，她很明白，这个贫民顾客只不过是看看而已，因为他买不起。

这名顾客在店里闲逛着。此时，电话响了，年轻的姑娘去接电话，突然，她一不小心撞翻了放在展览柜上的一叠钻石，6枚钻石就这样掉在了地上，她赶紧蹲下去捡钻石，可是她找了半天，只找到5枚。她抬起头，看见刚才那个男人正要向门口走去，她很清楚一点，那就是第六枚钻石一定被他拿走了。于是，她赶紧站起来，柔声说道：

“请等一下，先生!”男子听到姑娘的话后停止了脚步，转过身来。

“什么事？”男人问。但年轻姑娘并没有回答，他开始紧张起来，便重复了一下自己的话：“什么事？”

“先生，今天天气很冷，我们还得工作，没办法，现在工作真是很难找，我想您也深有体会，是不是？”姑娘神色黯然地说。

听到年轻姑娘的话，男子久久地凝视她，终于一丝微笑浮现在他脸上。他说：“是啊，真是不容易，但我相信，你一定会取得好的成绩的。我可以为你祝福吗？”他向前一步，把手伸给姑娘。

“谢谢您的祝福。”听到男子这么说，年轻姑娘也伸出手，两只手紧紧握在一起。姑娘用十分柔和的声音说：“我也祝您好运!”

男子在握手后，说了句再见就转身离开了，而姑娘却站在原地，久久没有说话，当男子走远后，她才转身走到柜台，把手中握着的第6枚戒指放回原处。

这个故事同样可以证明“给他人面子，就是给自己面子”的道理。相信这位姑娘也是一位性格外向者，她的方法是值得很多内向者效仿的，她既拿回了钻石，又为这位贫民顾客保留了面子。相反，如果面对这种情况，她大喊大叫或者严厉地质问对方，执意追查都会让这个贫民怀恨在心，甚至可能对她实施报复行为。

然而，社交生活中，可能你也会发现，我们的交往对象，常常会说一些不合时宜的话、做出一些不合时宜的事，或者彼此间产生了矛盾而使得交际氛围陷入难堪境地，那么，此时，你该如何做才能维护他人的面子呢？

1.找个借口，帮对方找一个台阶

如果对方陷入了交际中的窘境，那么，此时，你千万不要落井下石、取笑他，而你应该为他打圆场——换一个角度或找一个借口，以合情合理的解释来证明对方有悖常理的举动在此情此景中是正当的、无可厚非的和合理的，这样一来，对方的尴尬解除了，正常的人际关系也能得以继续下去了，而我们在无形中与对方的友谊也更加深厚了。

2.转移话题，制造轻松气氛

人与人毕竟是不同的，即使是朋友关系，也会因为意见不合、观点不一致而产生争论，在一些问题上互不相让。此时，你只有偃旗息鼓，才不至于使问题恶化，最巧妙的方法之一就是转移朋友的注意力。

如彼此之间为了某个问题争得面红耳赤，僵持不下时，你可以适时说一句“要把这个问题弄明白，比国家足球队赢球还难”；或者讲一个笑话，让双方的情绪平缓下来，在轻松的气氛中让尴尬消逝殆尽，使交际活动得以顺利进行。

3.不要与朋友争抢光彩

一个精明的英国人曾经说过：“一个人在世界上可以有许多事业，只要他愿意让别人替他受赏。”有时候，我们要学会牺牲个人荣誉，你可以让他代你接受因你的设想或发明而得到的荣誉。如果你与你的朋友关系十分牢固，你会发现这种做法将有利于长远的利益和奋斗目标。而如果你为了一己之利，把朋友的功劳抢了，脸是露了，但却失去了更为宝贵的友谊。

外向心理启示

社交生活中，为他人留面子是维护感情的最有效方式之一，日常交往中，我们必须从善意的角度出发，以特定的话语去调解人际关系，帮他人维护面子，也可以使我们在交际场合左右逢源。

外向者嘴别太快，以免伤了他人的自尊

我们都知道，外向者性格直爽、快人快语，但也常常因为说话不经过大脑而得罪人。中国有句老话："为别人留余地就是为自己留余地。"事实上的确如此，我们都是社会的人，都要和周围的人打交道，但无论从哪个角度看，得罪别人都不是一件好事。因此，话不要说得太快，要为自己留余地。作为性格外向者，要向内向者学习低调沉稳这一性格优势，在说话前要多思考，别凭着一腔热血，冲动易怒，得理不饶人，因为这样做的结果，就像把杯子里倒满水一样，再也滴不进一滴水，否则就会溢出来；也像把气球充满了气，再充气球就会爆炸。年轻人要知道，真正成熟的人，是懂得圆滑处世和左右逢源的，说话保留余地，给别人留面子，才会多交朋友少树敌。

小张来公司也有一段时间了，一直在销售部工作。在一次销售大会上，同事小李谈了一些自己对当前销售前景的看法，并提了一些具体的建议，而这些建议与小张一向采取的销售策略和主张都是截然不同的，小张自然很生气。心直口快的小张丝毫不隐瞒自己的观点，在会上慷慨激昂地进行反驳，以他对市场调查得来的第一手资料，驳得小李面红耳赤，哑口无言。

事后，小李一直怀恨在心，慢慢地，在小李眼中，小张由从前的好朋友变成了敌人。奇怪的是，小李也真神通广大。后来领导一纸调令，小张被“流放”到仓库去当管理员了。

销售大会上，小张为逞一时口舌之快，实话实说，可导致的结果是小李经常在领导面前说他心高气傲，目中无人，小张被流放的“命运”也就不足为奇。

生活中，因为把说话不给人留情面、话讲得太满、太绝对而使自己陷入窘境的例子，随处可见。做事要讲求留有余地，不要把人逼上绝路；说话也要留有余地，不要伤害他人自尊。因为凡事总有意外，留有余地，就是为了容纳这些意外，以免自己下不了台。外向者明白了这些道理，才可以称之为成熟。

宋朝时，有一位精通《易经》的大哲学家邵康节，他与当时的著名理学家程颢、程颐是表兄弟，同时和苏东坡有往来。但“二程”和苏东坡一向不和睦。

邵康节病得很重的时候，“二程”弟兄在病榻前照顾。这时外面有人来探病，程氏兄弟问明来的人是苏东坡后，就吩咐下去，不要让苏东坡进来。

躺在床上的邵康节，此时已经不能再说话了，他就举起一双手来，做出一个缺口的样子。程氏兄弟有点纳闷，不明白他做出的这个手势是什么意思。

不久，邵康节喘过一口气来，说：“把眼前的路留宽一点，好让后来的人走走。”说完，他就咽气了。

邵康节的话是很有道理的。人生在世，谁也不要把自己的思维固定起来，更不能凭自己的主观想象去判断事情的最终结果，因为人和事都是处于不断变化之中，谁都无法预料，真正的智慧是懂得运用发展的、变化的眼光看问题。

的确，相对于内向者而言，外向者更易冲动，在与人交往过程中更易产生矛盾，但即使这种情况下，也不要口出恶言，更不要说出“情断义绝”“势不两立”之类过激的话。不管谁对谁错，最好都闭口不言，以便他日狭路相逢还有个说话的“面子”。因为，俗话说得好：“三十年河东三十年河西”，在社会发展日新月异的当今时代，那些曾经和你为了小事争执不下的“敌人”，转眼间就可能会成为你的商业伙伴，同事或者领导等，人情世事的变化速度更快，社会生存的空间也变得越来越小，用不了“十年”，每个人的社会地位、人际关系、生存状况等就可能发生此消彼长的变化，人们相互间更是“低头不见抬头见”。如果把话说得太满、过绝、咄咄逼人，让对方下不来台，将来一旦发生了不利于自己的变化，就难有回旋的余地了。

总之，人之一生说短很短，说长也很长，变化很多，外向者要学会一些为人处世的门道，少对人说绝话，多给人留余地，这样做其实并不仅仅是为对方考虑、对对方有益，更是为自己考虑、对自己有益。

外向心理启示

外向者要把握好说话的分寸，管住自己的嘴巴，知道什么该说，什么不该说，该说的时候说得恰到好处，你的话才不会惹恼他人，“祸”就不会从口出，“火”也不会烧到你身上。

外向者一诺千金，别轻易承诺那些做不到的事

我们知道，人际交往成功的一大妙处就是为自己赢得人心，赢得了人心，能让我们左右逢源，好人缘能为我们所用。因此，聪明的人都善于通过帮助他人来为自己赢得人心。事实上，外向者正有这一性格优势，他们总是主动帮助别人，很多情况下，只要别人开口，他们都乐于伸出援助之手。然而，我们不难发现，正是因为个性开放、好面子，一些外向者常常会对求助者夸下海口却没有实现，有不守信之嫌。

要知道，言辞的力量是伟大的，犹太教义规定“言辞的力量永胜于刀剑”，对上帝与犹太人“约”的信守是犹太民族屡遭荼毒却顽强不屈的精神动力。中国封建社会包括以前，是由血缘联系起来的社会模式，强调纲常伦理，比较重视诺言。比如古时以钱的重量作为价值衡量的标准，如中国的“两”，英国的“磅”起初都表示重量。随着经济的发展、交往的频繁，诺言同金钱挂钩更为人们所接受，这时，“一诺重千钧”便敌不过“一诺值千金”了。

的确，任何人的能力都是有限的，如果你经常允诺而当有一次你因无能为力而拒绝的时候，那么，很可能会引起别人的质疑。相反，如果对于别人的求助，你能在量力而为的情况下，作出理智的回应，那么，对方也会报以理解的态度的。

可见，对于外向者而言，当别人有求于你，你若能帮忙，也需要注意几点：

1.量力而行，别答应别人无法兑现的事

有一个年轻人在银行工作。他过去的老师想开一家公司，却缺少资金，便去问他能不能帮忙贷款。他想：“这是老师第一次找自己帮忙，怎么能拒绝呢？”当即一口答应。可是，他毕竟刚参加工作不久，还没有说话的资历，老师的贷款请求又不完全合乎规章，所以，当老师租好门面，请好员工，等着资金开业时，他这里却拿不出钱来，搞得很被动。老师大怒，责备他说：“你这不是捉弄我吗？你即使不想帮我，也不该害我！”他能说什么呢？只好苦笑而已。

可以说，这位年轻人完全是在帮倒忙，给自己带来了不恰当的后果——自讨苦吃，对方不感激你，还会怨恨你。帮助他人，首先，我们要做到量力而行，否则，当诺言无法兑现的时候，就会给人一种不守信的印象。古人云，轻诺必寡信。这不仅是一个主观上愿不愿意守信的问题，也是一个有无能力兑现的问题。一个人经常答应自己无力完成的事，当然会让别人一次又一次失望。为人办事、帮忙，一定要有把握，当你树立了一个守信用的形象时，会获得越来越多人的信任，因而带来越来越多的机会。这就好似拥有了一座金矿。反之，缺此一条，别的方面再优秀，也难成大器。要树立守信的形象并不容易。最要紧的一条是：别答应你无法兑现的事。

2.不夸海口

有些外向者是不好意思拒绝别人而向他人承诺，而有些外向者则喜欢胡乱吹嘘自己的能力，随随便便向别人夸下海口，承诺自己根本办不到的事情。结果不但事情没有办成，自己的人缘也搞臭了。

某厂职工小方，经常向同事炫耀自己在市房管所有熟人，能办房产证，而且花钱少、办事快。开始人们还信以为真，有些急于办理房产证的同事便交钱相托，但时过多日，不见回音，问到小方，他说："近来人家事儿太多，再等等。"拖得时间长了，同事们对他的办事能力产生怀疑，便向他要钱，他找理由说："谋事在人，成事在天。懂不懂？你的事儿虽然没办成，可我该跑的跑了，该请的请了，你不能让我为你自掏腰包吧？"言下之意，钱没了。

从此以后，小方的话再也没人信了，以至于人们在闲暇聊天时，只要小方往人群里一站，大伙好像有一种默契似的，始而缄默不语，继而纷纷散去。

可见，能不能让他人感激我们的帮忙，还要看我们到底是不是真的帮助对方解决问题了。我们一般崇尚"一言九鼎""落地砸坑""张嘴就能见到肠子"的直爽性格，而不喜欢拐弯抹角的弯弯绕，更讨厌貌似有口无心、直言快语，实则机关算尽、言而无信的滑头。我们对别人的每一个帮助都是对一个人品质的检阅，每一项承诺都是对其人格的担保。因此，一定要谨慎我们对别人承诺的每一件事。

因此，如何让我们的帮忙收到成效，终究还是有些学问的，别以为"帮"这个动作很容易，帮得不恰当，不但对方不感激你，有时还会怨你。你白白浪费了精力，又招人怨，真是费力不讨好。

总之，人际交往中，我们应该有点利益心与长远的眼光，当有人需要我们帮忙时，我们应当掂量自己的能力，如果有能力帮助对方，就要伸出援助之手！

外向心理启示

对于外向者而言，在承诺时一定要量力而行，对于那些我们能轻而易举实现的承诺，一旦许诺，就不要找借口推托或食言；而对于那些我们很难实现的承诺，也要努力恪守并实现。

滔滔不绝、只顾自己说话的外向者遭人讨厌

生活中，每个人都渴望交流和沟通，性格外向者尤其如此，他们常常喜欢将自己内心的想法不加考虑地表达出来，这是外向者的性格特征。的确，语言是人际交流的重要方式，交谈有利于彼此之间交换信息、想法和感受，那些不善言辞的人，通常情况下，人际关系都会逊色于那些具有良好口才的人，口才已经成为新世纪判断人才的重要标准。

然而，在与人沟通这一问题上，很多外向者存在这一心理误区，他们认为，说得多就是有口才的表现，同时，为了使他人接受自己的观点，他们总爱侃侃而谈，甚至口若悬河。殊不知无休止的话只会让别人产生反感。

所以，为了与他人有更好的沟通，生活中的外向者们，请克制住自己说话随便的个性，收敛自己脱口而出的高超口才技艺，在说重要的话前先打个腹稿，只有这样，才能有效管住你的嘴巴，避免因为“口误”而给他人带来不悦。

娜娜毕业不久，就找了一份让同学羡慕的工作，成为人们常常羡慕的白领一族，于是，娜娜总是开心地、努力地工作着，但她不明白的是，为什么自己越来越受冷落呢？原来，事情就坏在她的一张嘴上。

娜娜因为个性活泼，在刚进公司的那一段时间，她一度成为办公室的“开心果”。不过，久而久之，她不假思索的讲话方式，逐渐令人生厌。

有一次，她看到前辈张姐穿了一条漂亮的裙子进门，立即开始赞叹起来：“张姐，你的裙子好漂亮哟！”她一看，还是条名牌裙子，就顺嘴多说一句：“这条裙子至少要1000多元吧？你还真有钱！”本来笑容满面的张姐，脸上顿时出现一丝尴尬。

月底，又要发奖金了，会计不小心让娜娜看到了王小姐的工资条。娜娜立即在办公室宣扬起来：“小王啊，你真是有能耐，我们同时进公司的，你的奖金怎么这么多，一万多块，恭喜呀！”公司对每个人的奖金是保密的，经娜娜这么一“恭喜”，王小姐有了一丝不悦。

类似这样的事情很多，久而久之，大家都不敢和娜娜多说话了，大家也议论开了：“娜娜很开朗，就是喜欢什么都拿出来说。”“还是太小了，不懂事。”“不是不懂事，是修养问题呀！”

渐渐地，娜娜也不怎么开心了，因为她明显地感觉，大家好像不怎么喜欢自己了，自己讲话时，办公室听众少了，就连讲笑话接茬的人都没有了。

祸不单行，最近娜娜又惹到上司了：因为公司业务上升，她对加班有了一些不满：“老板怎么这么小气，不给我们加班工资？”结果这话很快传进老板耳朵里，她被叫去问话：“听说不给你加班费，你就要罢工了？”

担心被开除，娜娜连连认错，不过她心里不服，自己哪有要罢工，只不过心直口快而已。

事实上，娜娜的确没有做错什么，只是，她忘记了，作为职场新秀，必须懂得人情世故，尤其是说话，什么话不能抢着说，要想着说，办公室交流是必要的，不过一些大家忌讳的话题最好少说为妙。她的心直口快，刚开始大家能忍受，但没有人希望成为她的话柄，于是，“惹不起躲得起”，娜娜就被孤立了。

因此，作为外向者，在任何场合，你都要注意自己的说话方式：说话太快，不考虑别人的感受，张嘴就来，非要逞一时口舌之快，就可能让别人心生不悦，甚至激怒别人。

其实，生活中的不少外向者，他们做事勤奋努力，心地善良，但却没有多少朋友，就坏在他们的心直口快上，一般情况下，他们所犯的错，就是对某些人群概括性的负面评价。比如，可能某个人在休息时间，无所事事时，会谈及大家共同关心的问题，比如婚恋问题，可能这个年轻人会说：“女人三四十岁不结婚，心理肯定有问题。”或许此时，他旁边就站着一个大龄未婚女，那么，从此这位“大龄女”也就与这位年轻人有了芥蒂。

心理咨询师认为，大嘴巴的人企图用提供信息获取他人的肯定、接纳、赞赏，并被他人欢迎。这种人短期可能会被认可，但久而久之肯定会成为老板最想一脚踢走的家伙。

所以，外向者要记住，嘴上占上风并不代表你有多么了不起，别人不会因为你的“伶牙俐齿”“心直口快”就佩服你、喜欢你，反而会因为你的不识抬举、不懂礼貌而厌恶你，你的人际关系也就会因此而越来越差，甚至出现孤立无援的悲惨局面。

外向心理启示

对于如何说话，外向者也包括生活中的人们都要有个清醒的认识，无论想说什么，不妨先打个腹稿，多考虑一下自己这样说的后果，这样，能避免说出很多不该说的话。

外向者要发挥与人为善、助人为乐的性格优势

我们都知道，相对于性格内向者而言，外向者在人际交往中更吃得

开，这不仅因为他们开朗、大方，还因为他们有着善良的品质，他们总是与人为善、助人为乐，而内向者则更关心自己内心的感受、忽略他人的需要，也就是说，如果你是一名外向者，你应该发挥这一性格优势，这样，在人际交往中，你一定能获得他人善意的回馈，因为任何人都愿意与心地善良的人交往，他们通常会把善良与人的其他优秀品质联系在一起，比如，忠诚、热心等。

我国画家启功先生就是一个在生活中与人为善的人。

一次，他随全国政协到北京琉璃厂视察和调研艺术品市场，当时，有同行者发现这个古玩市场的地摊上，竟摆着并堆摞着大量所谓的启功书法作品。对此，大家都心知肚明是赝品。

有人问道："启老哇，有何绝招来甄别您作品的真假呢？"

启功先生爽朗大笑起来，随后一边缓步走着，一边指着地摊上的启功作品幽默地说："一百年以后，比我写得好的，就全都是真品了！"

启老的这番话，微言大义，深藏玄机，且只可意会，难以言表。

启功虽然是名人，但他最怕虚度时光，他常常砥砺自己要在有限的生命时光中，作出更多的奉献。然而，常常有人慕名前来上门请求写字作画，以致影响了自己的正常学习和研究，他又不便直接拒绝，因此，他在创作、研究或身体不适的时候，就在门上挂个牌子，上书："大熊猫病了！"来者看到便禁不住莞尔一笑，虽吃了闭门羹，但仍感到轻松快乐。

一次，一个朋友出于好心，给他请了一个气功师为他治病，治病前朋友曾告诉启功说气功师的功力如何如何了得，治疗的时候，气功师把手压在启功的膝盖上，运气发功后，朋友问启功有什么感觉，启功并没有感到有什么异常，但他知道朋友是想让他说酸麻胀热之类的话，可是，他没有感觉到啊？他不想拂朋友的好意，就装作很认真地说："有感觉！我感觉到有一只大手捅在了我的膝盖上……"听了他的话，大家都乐不可支。

任何一名外向者都要向启功先生学习。这里，我们看到了一个老艺术家不但在艺术上取得了非凡的成就，而且在心灵上也步入了大彻大悟之境，生命中充满着一种“身心无挂碍，随处任方圆”的大气和洒脱。他的一番话虽然让人捧腹大笑，但表达的却是他处处替人着想的那一份善良。生活中，谁又能拒绝与这样心地善良的人交往呢？

的确，善良就像天使遗留在人间的一根羽毛，让人感觉温暖与轻柔；又像父亲的臂弯让我们感到安全。善良就像一股无形的力量，把人们的心联结在一起，我们多为善的同时，收获的，还有他人的肯定。

美国著名作家亨利有一次和他的侄子交谈，他们讨论了很多有趣的话题，最终两个人谈到了什么叫善良。

他问自己的侄子：“你知道什么是善良吗？”

侄子点点头，说：“我知道，可是我无法表达。”

亨利笑了笑，说：“你知道什么是人生中最宝贵的东西吗？”

侄子点了点头，并说出了包括金钱在内的很多东西。可是这一次亨利却摇了摇头，最后说道：“在人的一生中，有三种东西是最宝贵的，第一是善良，第二是善良，第三还是善良。”

的确，善良是什么？善良是不求回报地付出，是内心永恒不变的那一抹温柔，是与人为善的不变天性。

很多时候，一些外向者会抱怨人际关系复杂，知心朋友难寻。造成这种局面的原因很多，但其中最重要的原因很可能是我们平日考虑自己过多，帮助别人太少。一个平时不注重人际关系维护的人，很难有好人缘，“临时抱佛脚”只会给别人以“利用”之感。试问这样的人，又怎么能得到别人的信任和欢迎呢？别人又怎会对他慷慨相待呢？只有平时对他人给予帮助，别人才会拿出真心对我们。

具体说来，外向者需要做到：

1.关心他人

你可以从关心周围的人开始，比如你的父母、你的亲人，你的同事、朋友等，比如，当你的朋友遇到困难了，你主动伸出援助之手，并加以安慰。在这种举动中，你将会体验到帮助别人的快乐。

2.要表达自己的真诚和关切

帮助别人，不要表现出太强的目的性，你的关心应该是真诚的、发自内心的，这样才能使别人愉快地接受，我们才会得到心灵的满足和愉悦。

3.多为别人设想

即使帮助他人，你也不应该表现出高高在上的姿态，这样会伤害到他人的自尊。另外，要先设身处地为别人着想，再提供帮助，只有这样，我们才能恰到好处地帮助别人，而不会出现好心办坏事的情况。

总之，助人为乐是一个人思想境界的行为体现，是一种精神的升华，有句名言说得好：关心他人，竭尽全力去帮助别人，会使人变得慷慨；关心别人的痛苦和不幸，设法去帮助别人减轻或消除痛苦和不幸，会使人变得高尚；时常为他人着想，会丰富自己的生活，增加自己的涵养。

外向心理启示

任何一个人，也包括外向者，都不可能独立生存，都会遇到一些自己解决不了的问题，这时，我们就需要求助于人，如果我们能得到别人帮助，那么我们就会心存感激，同样地，当我们帮助别人时，别人也会心存感激，希望他日伸出援助之手，帮助我们。

外向者巧妙开口，用套近乎熟络人际感情

我们深知，外向者在人际交往中通常开朗、热情、大方，总是能感染他人，一些深谙社交艺术的外向者甚至能在三言两语之间就打开对方的心房，这是很多内向者需要学习的，因为内向者在与人交往中往往表现得被动、木讷、难以接近。当然，与人交往之初，外向者还需要掌握一些套近乎的方法，我们也不难看到，一些不经事的外向者，本想与

人套近乎，本想拉近彼此间的关系，却因为不注意自己的言行而适得其反，最终的结果却是被人拒于千里之外，留下遗憾。

一些社交达人总结出这样的经验：与人交往，在最初的一分钟内，引起对方的注意并不难；但要维持五分钟，就显得困难多了；而一失去对方的注意，要想再恢复，就更难了。因此，从最初的几句话开始，就要紧紧抓住对方的心，像磁铁般吸引对方，而不要指望第二次甚至第三次再引起这种注意，这是不可能的。这一点应该成为每个讲话者与他人进行交谈、讨论、辩论、演说的座右铭。

小李是某所中学的数学老师，刚毕业时，因为就业压力，他当了老师，但实际上，他对财务方面更为感兴趣，也更有建树。几年来，小李一直希望能找到一份财务方面的工作，但苦于找不到门路。有一天，他去县城看望以前的同学小张。

恰巧，小张今天家里也来了客人，是小张妻子的表哥。他是省城的某地区税务局局长，小李和这位局长刚开始见面的时候，两人都显得很局促，谁也不说话，这时，小张为二人介绍了一下，两人这才知道，原来自己都是“同学”的身份，马上就围绕“同学”这个突破口进行交谈，相互认识和了解，以至于变得亲热起来。小李发现这位局长虽然贵为局长，却一点架子也没有，对国家的某些财务政策也有自己的见解，判定他是一个“好官”，而这位局长也看出小李的确是财务方面的人才，两人聊得更是投机了，而后来，在交谈中，这位局长发现了小李的难处，二话没说，就说帮小李介绍一份在朋友公司的工作。

小李没想到，自己的工作问题就这么轻松地解决了。

小李的这种情况可能很多人都遇到过，你去拜访朋友，遇到有生人在场，一般来说，作为对于二者都很熟悉的主人，会马上出面为双方介绍，说明双方与主人的关系，各自的身分，工作单位，甚至个性特点，爱好等，而此时，你如果想多交一个朋友的话，必须要和对方套近乎，而细心人会从介绍中马上就可发现对方与自己有什么共同之处，当然，这当中重要的是在听介绍时要仔细地分析认识对方，发现共同点后再延伸，不断地发现新的共同关心的话题。

可见，与陌生人套近乎，增进感情是有技巧可言的，作为性格外向者，你可以从以下这几个方面努力：

1.寒暄引路，加深了解

在社交场合，难免会遇到一些陌生人，而此时，海阔天空地说话难免会让对方产生一种你是一个说话不着边际的人的感觉。因此，此时，你不妨先和对方寒暄一番，寒暄能起到彼此由陌生到认识再到熟悉的桥梁作用，能消除双方的“不自然”，也不至于出现“无话可说”的局面。同时，寒暄的内容无特定限制，别人也不会当真，但也不可不顾对方的身份、年龄、性格等胡乱瞎侃，要坚持“到什么山唱什么歌”的原则，与交往的环境和对象的特点相吻合。那种不论场合地说三道四或不分情势地东拉西扯，势必令人不愉快。

2.注意兴趣因素，找共同话题

在社交活动中，尤其是与陌生人交谈，主动寻找话题，可以消除你与他人之间的陌生感。能不能找到话题，主动地搭上话比会不会讲话更重要，它能让人感觉到你的主动大方、友好亲切。通常情况下，人们都倾向于喜欢在某方面或多方面与自己相似的人。而共同话题就显示了你们具有相似性这一心理趋向。当对方感受到你的热情后，那些人际间的隔阂也就消除了，他或许会因你一句简单的问候而备感亲切，你们彼此之间的亲密程度也就加深了。

3.态度真诚，不矫揉造作

当我们一张口的时候，对方就会从我们说话的语气、态度上判断我们是什么样的人，继而判断出我们的社交品质。为此，我们在与生人接触后，随时让人感觉友好亲切，才会消除彼此之间的陌生感，拉近彼此间的距离，从而让人乐于接受你，产生亲切感。尤其是与那些社会地位与经济条件不如自己的人交谈，千万不可闭口摆架子，张口摆阔气，否则，势必使对方产生逆反心理和不满情绪，出现“话不投机半句多”的局面。当然，“开场白”中的自我介绍也不应自我贬低，这样做容易让对方认为你言不由衷、虚情假意。

因此，外向者们与人初次交往，在与人套近乎的时候，要注意以上三点，这样能有效规避一些“好心办坏事”的问题。

外向心理启示

任何关系再好、友谊再深的两个人，都有个从相识到相知的过程，外向者第一次留给对方的印象如何、你的谈话能否吸引到对方，直接关系到对方有没有进一步交往的愿望。因此，如何套近乎就显得尤为重要。

外向者也要保持距离，别太热乎以免招人烦

在人际交往中，外向者总是表现得十分热情和大方，为了给对方这样的印象，一些外向者常常会寸步不离地与对方聊天，但对方似乎并不领情，多半情况下，他们要么说“你让我自己想想！”要么不情愿地敷衍你，其实，这种“贴身膏药式”的热情会让对方产生一种无形的压力、透不过气来。

如果你也是一名性格外向者，不知你是否留意过：原本两个关系很好的人，以前亲密无间，不分彼此。可是，没过多久却翻脸为敌，不仅互不来往，而且反目成仇。为什么会这样，原因很简单，因为他们太过亲近了！

的确，俗话说得好：“距离产生美”，这是一个美学命题，但却有一定的道理。人与人之间虽说有很多的相容性，必定也是两个单独的个体，是需要一定的个人空间的，如交往双方连一点点个人空间都没有的话，时间久了也会生厌，所以这时就需要保持一段距离。所以中国民间就有“小别胜新婚”这一说法，夫妇双方在小别以后有一种迫切渴望重

逢的雀跃，当然，这种距离也是有限度可言的。

所以，人际交往中，热情开朗的外向者们一定要把握好和对方交谈的距离和分寸，不可怠慢，但也不可过于热情。

小王和小李是同一个单位的同事，因为刚大学毕业，又同时进了现在的单位，所以，刚开始的时候，他们很有相见恨晚的感觉，也都把对方看作自己最好的朋友，决心好好珍惜。他们都认为，好朋友的一切都是应该彼此分享的，包括秘密、金钱、感情等。但随着时间的推移，彼此的矛盾在先进评比中完全显露出来。

小王和小李虽然都很上进，在单位的表现也都不错，但似乎小王更会“来事儿”，在先进员工的评比中也就榜上有名，而小李则未评上先进。小李是很上进的人，看到好朋友比自己强，心情很复杂，一方面为朋友高兴，另一方面又觉得小王没有资格获得这些荣誉，这些荣誉是不真实的。原来，小王在名额下来之前已经提着礼物去了一趟主任家，结果评上了先进。通过这件事，小李认为小王太功利，不是自己喜欢的真诚的人，慢慢地有些疏远对方。小王见小李疏远自己，以为是对方嫉妒自己，心里也很生气，觉得对方不能与自己共“快乐”，肯定不是真正的朋友。一想到小李知道自己的荣誉来得不光彩，既羞愧又懊恼，悔不该什么都对他说什么都让他知道。慢慢地，这份后悔变成了对对方的仇恨和攻击。两人由无话不谈的朋友变成了水火不容的敌人，这让单位很多同事都不理解。

看完小王和小李的这段故事后，外向者还认为好朋友就该无话不谈吗？你还认为真正的好朋友就是彼此没有秘密吗？可能曾经你把这作为衡量好朋友的标准之一，而其实这是对“好友”的错误认识，在不了解一个人的情况下，你付出的越多，你受到的伤害可能就越深。因此，在人际交往中保持一定的距离是很有必要的。保持距离的一个重要方面就是要处理好各自的秘密。

事实上，现实生活中，不少外向者总是认为朋友之间就该亲密无间，可有一天，当和自己形影不离的哥们儿突然远离自己时才明白，原来自己的友谊让对方窒息了；也有一些外向者觉得自己和上司的关系非同一般，于是就和上司以哥们儿相称，不注意说话的语气等问题了。其实，这些做法都是非常错误的。与人交往，如果双方之间太了解，太过接近，就会没有一点新鲜感，没有一点隐私。而保持一定距离，雾里看花，水中望月，一切都是那么美好，这就是“距离产生美”。

那么，外向者该如何保持与他人的距离呢?

1.社交距离的分类

亲密距离：0～0.5米为亲密距离。这是恋人、夫妻之间、父母与子女之间以及至爱亲朋之间的交往距离。

礼仪距离：0.5～1.5米为礼仪距离。这个距离有较大开放性，亲密朋友，熟人可随意进入这一区域。

社交距离：1.5～3米人们在这一距离可以打招呼，这是商务活动、国事活动等正式社交场合所采用的距离，采用这个距离主要在于体现交往的正式性和庄重性。

公共距离：3米之外为公共距离，这个距离往往采用点头致意即可。

2.最好与交谈对象保持两手宽的空间距离

这里的空间距离一般是指你举起自己的双手，与对象保持两手之宽的距离。这样的距离不但能够使你与交际对象面对面地看到对方，而且可以从头看到脚。这样一来，你可以清晰地观察到对方的性格、脾气，以及说话办事的特点，从而能正确地把握好对方的心理。而且还能从对方的眼神和脸色中洞察到他对你的印象好坏，这有助于你对下一步沟通和交流作准备。

3.认知上也应该保持一定的差距

人们常常犯的一个错误，就是把自己的想法强加给他人，以为对方的想法与自己一致，实际情况并非如此。每个人都是单独的个体，所接受的教育和所处的生活环境都是不同的。因此，与朋友交往时一定不要自以为是，以为自己所想就是朋友所想，这样做只能适得其反。

总之，距离是一种美，也是一种保护。感情容易滋养人心，也会轻易伤害人心，不管是血浓于水的亲情，还是海誓山盟的爱情，都可能在不经意间刺痛对方。

外向心理启示

外向者在与人交往时，要注意不能太过亲密，不要干涉他人的私密生活，不要形影不离，否则会造成彼此关系的紧张。

外向者求同存异，与内向者交往讲究策略

生活中，人们常说道一个谚语：“一山不容二虎，”比喻在一个地方两个强者不能相容。同样，在社交生活中，人们也常常认为性格截然相反的两个人是无法和睦相处的，实际不然，细心的你可以发现，在一个家庭中，夫妻双方常常性格互补——一个内向，一个外向；在团队中，内向者和外向者相互合作，往往更易做成事。诚然，外向者性格活泼、开朗、自信、倾向于从外在世界获得认同感，而内向者低调、内敛、更关注自己的内心，但同时，他们也沉稳、细腻。因此，只要外向者能做到求同存异，是能与内向者和睦共处甚至建立良好的关系的。

的确，无论是外向者还是内向者，都希望自己能在和睦的环境中生活和工作，事实上，我们所生活的集体本来就是由一些性格、生活习惯等不同的成员组织在一起的，难免会出现一些不和谐的因素，但只要我们能做到心平气和，尊重、理解和包容对方，是能做到求同存异的。

外向者张太太是一名银行职员，她就是个善于经营生活的人。她这样陈述到：

我是个外向的人，也和其他女人一样爱逛街，而丈夫则是个内向的人，他很少陪我逛街，因为这一点，我们在结婚之初就闹过很多矛盾。

记得那一次，五一长假的第一天，我就拉着他去陪我逛街。丈夫好像很无奈地陪我去了，我是个好动的人，对什么都感兴趣，一会儿看看这个，一会儿看看那个，对于自己想买的东西，我也习惯了货比三家，并且喜欢砍价，他却受不了了，就总是催我付钱，这惹恼了我，回家后，我们吵了一架。

自从那次后，只要我再拉着他去逛街，他都千方百计地找借口推辞，时间长了，我也就懒得喊他了，而是找自己的姐妹。

其实，刚结婚时，也希望能把丈夫内向的性格扭转过来，他却希望我能在家和他一样看看报纸，看看新闻，多学点东西，但时间久了，我们都发现，把个人喜好和性格强加于人，无异于帮助别人制造痛苦，我也就没有再改造他的想法了。

如何协调夫妻关系呢？后来，我在翻阅历史书和看新闻时，看到了“求同存异”四个字，这四个字给了我启示，夫妻间也可以求同存异。跟丈夫商量，他赞同这观点。于是，我们通过进一步协商认为，丈夫喜静，我就陪他去做点他喜欢做的事，而我好动，他也会参与我的活动只要不超原则，即互不干涉；同时，我们觉得，还必须挖掘出一些共同点，否则，两个人的话题会越来越少。于是，我们买了副网球拍，傍晚时，我们就去小区的网球场锻炼。

时间证明，我们这套相处方法还是有效的。我再去逛街，一般只会告知丈夫一声，也不再喊他了。而丈夫则待在家中做自己喜欢的事，如上网聊天看新闻，读书看报写文章，互不干扰，各得其乐。如今我们的婚姻已过了七年之痒，其间少有矛盾摩擦，恩爱和睦。我和丈夫的性格如此不同却能和睦相处，我想应该就是求同存异的结果吧!

案例中的张太太就是是一位性格外向者，从她的经验中，我们能看出，她之所以能和丈夫和睦相处，恩爱如初，就是因为他们遵循了求同存异的相处之道。

当然，除了夫妻间、家庭成员间，社会生活中，每个人的性格不同，外向者把自己的喜好、习惯强加于其他人，必当会引发很多矛盾。

的确，无论是在性格特征上，还是人生观、价值观、个人喜好等方面，外向者都和内向者有所不同，对此，你一定要做到求同存异，尊重对方的观点、尊重对方的行为，只有这样，才能让彼此都身心愉悦。

因此，外向者要想拥有一个良好的人际关系，想要和内向者和睦相处，就必须要学会求同存异。因此，在面对分歧的时候，我们需要掌握以下四要素：

1.沟通

相互沟通是维持人际关系的一个关键要素。有什么话不要憋在肚子里，多同内向者交流，也让对方多了解自己，这样可以避免许多无谓的误会和矛盾。

2.慎重

外向者遇到事情要冷静对待，尤其是遇到问题和矛盾时，要保持理智，不可冲动，冲动不仅不能解决问题，反而会使问题变得更糟。

3.换位

凡事不要把自己的想法强加给他人。遇到问题的时候多换位思考一下，站在对方的角度上好好想想，这样，你就会更好地理解对方。

4.快乐

只有保持快乐的心情才能构建起良好的人际关系。所以，不要把你的负面情绪传达给内向者，也不要看不惯对方。

外向心理启示

外向者与内向者之间交往求同存异，就是要尊重对方与自己不同的方面，尊重对方的个性，这也是一个人保持独立人格的基本要求。

参考文献

[1] 孟宁.外向性格能量书[M].北京：光明日报出版社，2011.

[2] 高志鹏.内向人和外向人的自我说明书[M].北京：新世界出版社，2010.

[3] 穆秋月.内向者的能量:内向人玩转外向世界的成功心理学[M].北京：中国华侨出版社，2012.